"十三五"职业教育国家规划教材

中职机电技术应用系列教材

电气控制线路安装与维修

殷春燕　主　编

蒋　峰　副主编

沈倪勇　主　审

科学出版社

北京

内 容 简 介

本书根据最新颁布的《中等职业学校专业教学标准(试行)》,以中职学生必备的电气控制线路的安装、调试和检修操作技能为主线进行编写。全书以工作过程为导向设计教学内容和实施步骤,主要内容包括低压电器的识别与检测、三相笼型异步电动机多种控制电路的安装与维修。每个工作任务由任务目标、相关知识、任务实施、任务评价等组成。通过学习,学生可逐步掌握电气线路的原理及安装调试方法。

本书体例新颖,注重基础,突出技能,贴近中等职业教育教学实际,可作为中等职业学校机电类专业的教学用书,也可作为相关岗位的培训教材。

图书在版编目(CIP)数据

电气控制线路安装与维修/殷春燕主编. —北京:科学出版社,2019.5
("十三五"职业教育国家规划教材·中职机电技术应用系列教材)
ISBN 978-7-03-060939-7

Ⅰ.①电… Ⅱ.①殷… Ⅲ. ①电气控制-控制电路-安装-中等专业学校-教材②电气控制-控制电路-维修-中等专业学校-教材 Ⅳ. ①TM571.2

中国版本图书馆 CIP 数据核字(2019)第 058710 号

责任编辑:唐寅兴 杨 昕/责任校对:赵丽杰
责任印制:吕春珉/封面设计:东方人华平面设计部

科学出版社 出版
北京东黄城根北街 16 号
邮政编码:100717
http://www.sciencep.com

三河市骏杰印刷有限公司 印刷
科学出版社发行 各地新华书店经销
*
2019 年 5 月第 一 版 开本:787×1092 1/16
2021 年 2 月第二次印刷 印张:10 3/4
字数:255 000
定价:33.00 元
(如有印装质量问题,我社负责调换〈骏杰〉)
销售部电话 010-62136230 编辑部电话 010-62195035

本书编委会

主　编　殷春燕

副主编　蒋　峰

委　员　陈　强　王会东　赵争召　黄　健　陈　梅　吉网存

主　审　沈倪勇

前　　言

　　职业教育的培养目标是为企业快速培养实用型技能人才，使学生毕业后能够直接上岗，实现职业教育和企业需求之间的无缝对接。本书的编写以就业为导向，结合企业技术工作岗位的实际需求，以职业能力培养为本，尝试引入生产一线的典型工作任务，并将其转化为职业教育课程内容。本书内容丰富，结构严谨，深入浅出，主要特色体现在如下几个方面：

　　1）全书结构基于"就业导向、任务引领"的课程理念，严格按照"学做一体"的教学模式展开，逐步引导学生培养和提高自主学习能力。

　　2）每一项工作任务对应相应的职业能力。工作任务之间既相对独立，又相互关联，任务设置由易到难，符合循序渐进的教学要求，有利于培养基本功扎实、灵活运用理论知识能力强的学生。

　　3）全书以技能操作为主线，以相关知识为理论支撑，并穿插生产一线实际使用的相关生产表格，实现了"理论教学+技能训练+生产岗位"的结合。

　　4）本书借鉴了德国职业教育行动导向教学方法，设计符合学生认知发展水平和特点的电气控制线路安装与维修工作页，用于检查和评价学生的学习效果。

　　本书主编为殷春燕，副主编为蒋峰，全书分为十个工作任务。其中，工作任务一、二由蒋峰编写，工作任务三至十由殷春燕编写。

　　由于编者水平有限，加之编写时间仓促，书中难免有不足之处，敬请广大读者批评指正。

目　录

常用低压配电电器的识别与检测

在现代化工业大生产中大量使用生产机械。这些生产机械的工作机构是通过电动机拖动的，即利用电动机拖动生产机械的工作机构使之运转，人们把这种工作方式称为电力拖动。电力拖动系统由电动机、传动装置、控制设备和生产机械四个基本部分组成。

由于现代电网普遍采用三相交流电，而三相异步电动机与直流电动机相比又具有结构简单、工作可靠、价格低廉、维护方便、效率较高、体积小和重量轻等一系列优点，因此三相异步电动机的性价比更高，其使用范围也更加广泛。

生产机械中所用的控制电器多属于低压电器，它是指在交流额定电压 1200V 及以下、直流额定电压 1500V 及以下的电路中起通断、保护、控制或调节作用的电器。低压电器可以分为配电电器和控制电器两大类。常用低压配电电器有熔断器、刀开关和低压断路器等。

任务目标

1）能够认识各类常用低压配电电器的外形、结构、图形符号和文字符号。
2）能够叙述各类常用低压配电电器的功能。
3）能够正确选用常用低压配电电器。
4）能够识别和检测常用低压配电电器的好坏。
5）能够规范安装常用低压配电电器。

工作情景

小明从职业院校毕业后进入一家电气控制企业工作。因为小明刚入职不久，所以带教他的许师傅让他从整理电工器材开始学习。一天，正当小明整理电工器材的时候，车间突然停电，不巧的是许师傅当天休假，小明实在没办法了，只好硬着头皮跑到配电室查找停电的原因。假如你是小明，在工作中遇到这种情况时应该如何解决？

相关知识

一、熔断器

熔断器是低压配电电路和电力拖动系统中一种最简单的安全保护电器，主要用于短路保护，也可用于过载保护。熔断器的优点是结构简单、维护方便、价格便宜、体积小、重量轻。常用的低压熔断器如图 1.1 所示。

（a）瓷插式熔断器　　（b）RL1 系列和 RL2 系列螺旋式熔断器　（c）RM10 系列无填料封闭管式熔断器

（d）RT18 系列圆筒帽形熔断器　（e）RT15 系列螺栓连接熔断器　　（f）RT0 系列有填料封闭管式熔断器

图 1.1　常用的低压熔断器

（一）熔断器的外形、结构和符号

熔断器主要由熔体、安装熔体的熔管和熔座三部分组成，如图 1.2 所示。

熔管，内装熔体

熔座

FU

（a）RL6 系列螺旋式熔断器　　　　　（b）符号

图 1.2　熔断器

　　熔体是熔断器的核心，常做成丝状、片状或栅状。制作熔体的材料一般有铅锡合金、锌、铜和银等，根据受保护电路的要求而定。熔管是熔体的保护外壳，用耐热绝缘材料制成，在熔体熔断时兼有灭弧作用。熔座是熔断器的底座，其作用是固定熔管和外接引线。

　　熔断器在使用时应当串联在被保护的电路中。正常情况下，熔断器的熔体相当于一段导体，能够保证电路接通。当电路发生短路或过载时，熔断器的熔体能够迅速自动熔断，断开电路。

（二）熔断器的型号及含义

熔断器的型号及含义如图 1.3 所示。

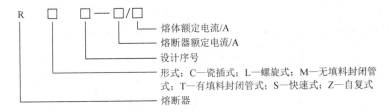

图 1.3　熔断器的型号及含义

例如，型号为 RC1A—15/10 的熔断器，其中，R 表示熔断器，C 表示瓷插式，1A 为设计代号，15 表示熔断器的额定电流为 15A，10 表示熔体的额定电流为 10A。

（三）熔断器的主要技术参数

1. 额定电压

额定电压是指熔断器长期工作所能承受的电压。若熔断器的实际工作电压大于其额定电压，则熔体熔断时可能会发生电弧不能熄灭的危险。

2. 额定电流

额定电流是指保证熔断器能够长期正常工作的电流。额定电流是由熔断器各部分长期工作的允许温升决定的。

3. 分断能力

分断能力是指在规定的使用和性能条件下，熔断器在给定的电压下能够分断的预期电流值。分断能力常用极限分断电流值来表示。

4. 时间-电流特性

时间-电流特性是指在规定条件下表征流过熔体的电流与熔体熔断时间的关系曲线，也称为安秒特性或保护特性。熔断器的熔断电流与熔断时间的关系见表 1.1。

表 1.1　熔断器的熔断电流与熔断时间的关系

熔断电流 I_s/A	$1.25I_N$	$1.6I_N$	$2.0I_N$	$2.5I_N$	$3.0I_N$	$4.0I_N$	$8.0I_N$	$10.0I_N$
熔断时间/s	∞	3600	40	8	4.5	2.5	1	0.4

注：I_N 为电动机的额定电流。

从表 1.1 中可以看出，熔断器的熔断时间随电流的增大而缩短。熔断器对过载的反应很不灵敏，当电气设备发生轻度过载时，电路中电流不是很大，熔断器将持续很长时间才能熔断，有时甚至不能熔断。因此，除照明电路和电加热电路外，熔断器一般不用于过载保护，而主要用于短路保护。

常用熔断器的技术参数见表 1.2。

表 1.2 常用熔断器的技术参数

类别	型号	额定电压	额定电流/A	熔体额定电流/A
瓷插式熔断器	RC1A—5	交流 380V 或 220V	5	2、4、5
	RC1A—10		10	2、4、6、10
	RC1A—15		15	6、10、15
	RC1A—30		30	15、20、25、30
	RC1A—60		60	30、40、50、60
	RC1A—100		100	60、80、100
螺旋式熔断器	RL1—15	交流 500V	15	2、4、5、6、10、15
	RL1—60		60	20、25、30、35、40、50、60
	RL1—100		100	60、80、100
	RL1—200		200	120、150、200

（四）熔断器的选用

熔断器的选用主要包括熔断器类型的选择、熔断器额定电压和额定电流的选用，以及熔体额定电流的选用。

1. 熔断器类型的选择

根据使用环境、负载性质和短路电流的大小选用适当的熔断器类型。

1）对于容量较小的照明电路，可以选用 RT 系列圆筒帽形熔断器或 RC1A 系列瓷插式熔断器。

2）对于短路电流相当大或有易燃气体的地方，应当选用 RT 系列有填料封闭管式熔断器。

3）在机床控制电路中，通常选用 RL 系列螺旋式熔断器。

4）用于半导体功率器件及晶闸管的保护时，应当选用 RS 系列或 RLS 系列快速熔断器。

2. 熔断器额定电压和额定电流的选用

熔断器的额定电压必须不小于电路的额定电压。熔断器的额定电流必须不小于其所装熔体的额定电流。

3. 熔体额定电流的选用原则

1）对照明和电热等电流较平稳、无冲击电流的负载的短路保护，熔体的额定电流应当等于或者稍大于负载的额定电流。

2）对一台不经常启动且启动时间不长的电动机的短路保护，熔体的额定电流 I_{RN} 应当大于或等于 1.5～2.5 倍电动机的额定电流 I_N，即

$$I_{RN} \geqslant (1.5 \sim 2.5) I_N$$

3）对一台启动频繁且连续运行的电动机的短路保护，熔体的额定电流 I_{RN} 应当大于或等于 3～3.5 倍电动机的额定电流 I_N，即

$$I_{RN} \geqslant (3 \sim 3.5) I_N$$

4）对多台电动机的短路保护，熔体的额定电流应大于或等于其中最大功率电动机的额定电流 I_{Nmax} 的 1.5～2.5 倍加上其余电动机额定电流的总和 $\sum I_N$，即

$$I_{RN} \geqslant (1.5 \sim 2.5) I_{Nmax} + \sum I_N$$

【例】 某机床电动机的型号为 Y112M－4，额定功率为 4kW，额定电压为 380V，额定电流为 8.8A，该电动机正常工作时不需要频繁启动。若用熔断器为该电动机提供短路保护，试确定熔断器的型号与规格。

解： 1）选择熔断器的类型。由于该电动机是在机床中使用的，因此可选用 RL1 系列螺旋式熔断器。

2）选用熔体额定电流。由于熔断器保护的电动机不需要经常启动，因此熔体额定电流

$$I_{RN} \geqslant (1.5 \sim 2.5) \times 8.8A = (13.2 \sim 22) A$$

可选用的熔体额定电流应不小于 20A。

3）选用熔断器的额定电流和额定电压。通过查表 1.2 选用 RL1－60 型熔断器，其额定电流为 60A，额定电压为 500V。

（五）识别与检测熔断器

识别与检测 RL1 系列熔断器的方法见表 1.3。

表 1.3　识别与检测 RL1 系列熔断器的方法

任务		操作要点
识别	识读熔断器的型号	熔断器的型号标注在瓷座的铭牌上或瓷帽上方
	识别上、下接线端	上接线端（高端）为出线端，下接线端（低端）为进线端
	识别熔体的好坏	从瓷帽玻璃往里看，熔体有色标表示熔体正常，熔体无色标表示熔体已断路
	识读熔体额定电流	熔体额定电流标注在熔体表面
检测	检测熔断器的好坏	将万用表置于"R×1Ω"挡，进行欧姆调零后，将两支表笔分别搭接在熔断器的上、下接线端上。若阻值为 0，则熔断器正常；若阻值为∞，则熔断器已断路，应当检查熔体是否断路或者瓷帽是否旋好等

（六）熔断器的安装与使用

1）用于安装与使用的熔断器应当完整无损，并具有额定电压值和额定电流值标志。

2）熔断器安装时应当保证熔体与夹头、夹头与夹座接触良好。瓷插式熔断器应当垂直安装。螺旋式熔断器接线时，电源进线应当接在瓷底座的下接线端上，负载出线应当接在螺纹壳的上接线端上，以保证能够安全地更换熔管。螺旋式熔断器的安装如图 1.4 所示。

　　3）熔断器内要安装合格的熔体，不能用多根小规格的熔体并联代替一根大规格的熔体。在多级保护的场合，各级熔体应当相互配合，以保证上一级熔体的额定电流等级大于下一级熔体的额定电流等级两级。

　　4）更换熔体或熔管时，必须切断电源，尤其不允许带负载操作，以避免发生电弧灼伤。

　　5）安装熔体时，熔体应当在螺栓上沿顺时针方向缠绕并压在垫圈下，拧紧螺钉的力应当适当，以保证接触良好。同时，注意不能损伤熔丝，以免熔断器因熔体截面积减小引起局部发热而产生误动作。熔体的安装如图1.5所示。

　　6）熔断器兼做隔离器件使用时，应当安装在控制开关的电源进线端。若熔断器仅做短路保护使用，则应当安装在控制开关的出线端。

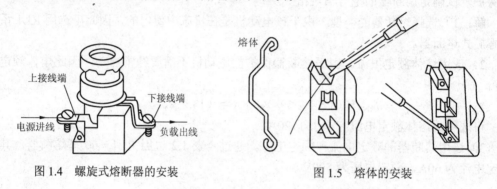

图1.4　螺旋式熔断器的安装　　　　　　　图1.5　熔体的安装

二、刀开关

　　刀开关是一种手动配电电器，主要用于隔离电源、手动接通和分断电路。刀开关在大多数情况下可以作为机床电路的电源开关、局部照明电路的控制开关使用，有时也可直接用于控制小容量电动机的启动、停止和正反转。

　　（一）刀开关的外形、结构和符号

　　刀开关是结构最简单且应用最广泛的低压配电电器。常用刀开关有开启式负荷开关和组合开关（转换开关）。常用刀开关见表1.4。

表1.4　常用刀开关

分类	开启式负荷开关		组合开关（转换开关）	
外形符号				

续表

分类	开启式负荷开关	组合开关（转换开关）
结构	胶盖、瓷柄、静触点、动触点、熔体、胶盖紧固螺钉、瓷底座	手柄、凸轮、绝缘方轴、动触点、静触点、接线端
型号	HK 系列（HK1、HK2）	HZ 系列（HZ5、HZ10）
用途	主要用于照明电路、电热设备电路和功率小于 5.5kW 的三相异步电动机直接启动控制电路中，用于手动不频繁接通或者断开的电路	多用于机床电气控制线路中，作为电源的引入开关；在电气设备中也可用于不频繁接通或者断开的电路，切换电源和负载，控制 5.5kW 及以下小容量异步电动机的正反转运行或星-三角（丫-△）降压启动

（二）刀开关的型号及含义

刀开关的型号及含义如图 1.6 所示。

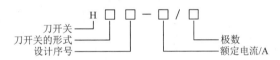

刀开关的常见形式有：K—开启式负荷开关；R—熔断式刀开关；

H—封闭式负荷开关；Z—组合开关

图 1.6　刀开关的型号及含义

（三）刀开关的选用

刀开关的主要技术参数有额定电压、额定电流、分断能力、机械寿命等。在选用刀开关时，一般只考虑额定电压、额定电流这两个技术参数，其他技术参数只有在特殊要求时才需考虑。

1. 开启式负荷开关的选用

HK1 系列开启式负荷开关的主要技术参数见表 1.5。

表 1.5　HK1 系列开启式负荷开关的主要技术参数

型号	极数	额定电流/A	额定电压/V	可控制电动机最大功率/kW		配用熔丝规格			
				220V	380V	铅	锡	锑	熔丝线径/mm
HK1—15	2	15	220	—	—	98	1	1	1.45～1.59
HK1—30	2	30	220	—	—				2.30～2.52

续表

型号	极数	额定电流/A	额定电压/V	可控制电动机最大功率/kW		配用熔丝规格			
				220V	380V	铅	锡	锑	熔丝线径/mm
HK1—60	2	60	220	—	—	98	1	1	3.36～4.00
HK1—15	3	15	380	1.5	2.2				1.45～1.59
HK1—30	3	30	380	3.0	4.0				2.30～2.52
HK1—60	3	60	380	4.5	5.5				3.36～4.00

具体选用方法如下。

1）当开启式负荷开关用于控制照明和电热负载时，选用额定电压为 220V 或 250V 且额定电流不小于电路所有负载额定电流之和的二极开关。

2）当开启式负荷开关用于控制电动机直接启动和停止时，选用额定电压为 380V 或 500V 且额定电流不小于电动机额定电流 3 倍的三极开关。

2. 组合开关的选用

HZ10 系列组合开关的主要技术参数见表 1.6。

表 1.6　HZ10 系列组合开关的主要技术参数

型号	额定电压	额定电流/A		380V 时可控制电动机的功率/kW
		单极	三极	
HZ10—10	直流 220V 或交流 380V	6	10	1
HZ10—25		—	25	3.3
HZ10—60		—	60	5.5
HZ10—100			100	

组合开关应当根据电源种类、电压等级、所需触点数、接线方式和负载容量进行选用。

1）当组合开关用作设备电源的引入开关时，其额定电流应当稍大于或者等于被控制电路的负载电流总和。

2）当组合开关用于直接控制电动机时，其额定电流一般可取电动机额定电流的 1.5～2.5 倍。

（四）识别与检测刀开关

识别与检测 HK1 系列开启式负荷开关的方法见表 1.7。识别与检测 HZ10 系列组合开关的方法见表 1.8。

表 1.7　识别与检测 HK1 系列开启式负荷开关的方法

序号	任务	操作要点
1	识读型号	开启式负荷开关的型号标注在胶盖上
2	识别接线端	进线座（上端）为进线端，出线座（下端）为出线端

续表

序号	任务	操作要点
3	检测开启式负荷开关的好坏	将万用表置于"R×1Ω"挡，进行欧姆调零后，将两支表笔分别搭接在开启式负荷开关的进、出线端。当合上开关时，若阻值为 0，则开启式负荷开关正常；若阻值为∞，则开启式负荷开关已断路，应当检查熔体连接是否可靠等

表 1.8　识别与检测 HZ10 系列组合开关的方法

序号	任务	操作要点
1	识读型号	组合开关的型号标注在手柄下方的胶盖表面
2	识别接线端	进线座（上端）为进线端，出线座（下端）为出线端
3	检测组合开关的好坏	将万用表置于"R×1Ω"挡，进行欧姆调零后，将两支表笔分别搭接在组合开关的进、出线端。当手柄转至"0"位置时，阻值为∞，组合开关断开；当手柄转至"1"位置时，阻值为 0，组合开关闭合

（五）刀开关的安装与使用

1）HK 系列刀开关必须垂直安装在配电板上，并保证其在合闸状态时手柄向上，不允许平装或倒装，否则其在断开状态时手柄有可能松动落下引起误合闸，造成人身安全事故。

2）接线时，电源进线应当接在开启式刀开关上面的进线端，负载出线应当接在开启式刀开关下面的出线端，以保证开启式刀开关分断后闸刀和熔体不带电。HK 系列刀开关的安装如图 1.7 所示。

3）在进行分闸和合闸操作时，动作应当迅速，使电弧尽快熄灭。在更换熔体时，必须在闸刀断开的情况下按照原规格更换。

4）开启式负荷开关应当安装在干燥、防雨、无导电粉尘的场所，其下方不得堆放易燃易爆物品。

5）HZ10 系列组合开关应当安装在控制箱（或壳体）内，其操作手柄最好伸出在控制箱的前面或侧面。组合开关在断开状态时，应当使手柄处于水平旋转位置。组合开关的外壳必须可靠接地。

电源进线

负载出线

图 1.7　HK 系列刀开关的安装

三、低压断路器

低压断路器又称为自动空气开关或自动空气断路器，简称断路器。它集控制功能和多种保护功能于一体。在正常情况下，可用于不频繁地接通和断开电路以及控制电动机的运行；当电路发生短路、过载和失压等故障时，能够自动切断电路（俗称跳闸）。

（一）低压断路器的外形、结构和符号

常见低压断路器的外形如图 1.8 所示。

（a）DZ5 系列　　　　　（b）DZ108 系列　　　　　（c）DZ47-63 系列

图 1.8　常见低压断路器的外形

DZ5 系列低压断路器的结构如图 1.9 所示。它一般由触点系统、灭弧系统、操作机构、各种脱扣器及绝缘外壳等部分组成。当按下绿色"合"按钮时接通电路；当按下红色"分"按钮时切断电路。

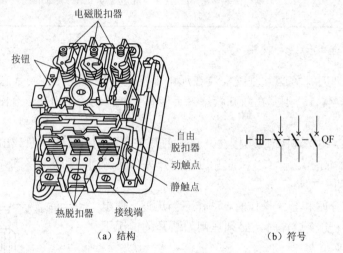

（a）结构　　　　　　　　（b）符号

图 1.9　DZ5 系列低压断路器的结构

（二）低压断路器的型号及含义

DZ5 系列低压断路器的型号及含义如图 1.10 所示。

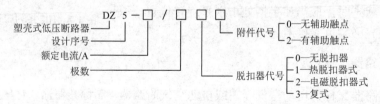

图 1.10　DZ5 系列低压断路器的型号及含义

DZ5 系列低压断路器适用于交流 50Hz、额定电压 380V、额定电流 0.15～50A 的电路中。它可以用于电动机的短路保护和过载保护，也可以在配电网络中用于分配电能和配电电路及电源设备的短路保护和过载保护，还可以用于电动机的不频繁启动及配电电路的不频繁转换。

（三）低压断路器的选用

DZ5—20 型低压断路器的主要技术参数见表 1.9。

表 1.9　DZ5—20 型低压断路器的主要技术参数

型号	额定电压	额定电流	极数	脱扣器形式	脱扣器的额定电流（括号内为整定电流调节范围）/A	脱扣器瞬时动作整定电流
DZ5—20/200	交流 380V	20A	2	无脱扣器	—	—
DZ5—20/300			3			
DZ5—20/210			2	热脱扣器	0.15(0.10～0.15)	—
DZ5—20/310			3		0.20(0.15～0.20)	
DZ5—20/220	直流 220V	20A	2	电磁脱扣器	0.30(0.20～0.30) 0.45(0.30～0.45) 0.65(0.45～0.65) 1.00(0.65～1.00) 1.50(1.00～1.50) 2.00(1.50～2.00) 3.00(2.00～3.00) 4.50(3.00～4.50) 6.50(4.50～6.50) 10.00(6.50～10.00) 15.00(10.00～15.00) 20.00(15.00～20.00)	为电磁脱扣器额定电流的 8～12 倍（出厂时整定在 10 倍）

低压断路器的选用原则如下。

1）低压断路器的额定电压和额定电流应当不小于电路的正常工作电压和计算负载电流。

2）热脱扣器的脱扣整定电流应当等于所控制负载的额定电流。

3）电磁脱扣器的瞬时脱扣整定电流应当大于负载正常工作时可能出现的峰值电流。用于控制电动机的断路器，其瞬时脱扣整定电流值应当大于电动机启动电流的 1.5～1.7 倍。

4）当断路器用于保护和控制频繁启动的电动机时，还应考虑断路器的操作条件和使用寿命。

（四）识别与检测低压断路器

识别与检测低压断路器的方法见表 1.10。

表 1.10　识别与检测低压断路器的方法

序号	任务	操作要点
1	识读型号	低压断路器的型号标注在低压断路器的表面
2	识别接线端	上接线端为进线端，下接线端为出线端
3	检测低压断路器好坏	将万用表置于"R×1Ω"挡，进行欧姆调零后，将两支表笔分别搭接在低压断路器的进、出线端。当合上低压断路器时，阻值为 0；当断开低压断路器时，阻值为∞

（五）低压断路器的安装与使用

1）低压断路器应当垂直于配电板安装，电源引线应当接到上端，负载引线应当接到下端。

2）低压断路器各脱扣器的动作值调整好后不允许随意变动，以免影响其动作。

3）断路器上的积尘应当定期清除，并定期检查各脱扣器的动作值，必要时给操作机构添加润滑剂。

4）断路器用作电源总开关或电动机的控制开关时，在电源进线侧必须加装刀开关或熔断器，以形成明显的断开点。

⚡任务实施

一、识别与检测熔断器

❖ 讨论

1）熔断器的功能是什么，如何将其连接在电路中？

2）常用的熔断器有哪几种类型，其图形符号表示的含义是什么？你能说出 RC1A—15/10 型熔断器的含义吗？

❖ 操作

认真观察熔断器的结构，识别与检测 RC1A 系列低压熔断器，并将检测操作情况填入表 1.11 中。

表 1.11　熔断器识别与检测操作记录表

序号	任务	操作记录	操作评价
1	识读熔断器型号	熔断器的型号为＿＿＿＿＿＿＿＿＿	
2	识别上、下接线端	上接线端（高端）为＿＿＿＿端，下接线端（低端）为＿＿＿＿端	
3	识别熔体的好坏	从瓷帽玻璃往里看，熔体＿＿＿＿（有或无）色标，熔体＿＿＿＿（正常或断路）	
4	识读熔体额定电流	熔体额定电流为＿＿＿＿＿＿＿＿	
5	检测熔断器的好坏	将万用表置于＿＿＿＿挡。经检测，熔断器上、下接线端之间的阻值为＿＿＿＿，熔断器＿＿＿＿（正常或断路）	

拓展思考

请与小组成员讨论并记录熔断器在安装过程中的注意事项，并与教师进行沟通交流。

_____

_____

_____

二、识别与检测刀开关

讨论

1）刀开关的功能是什么？刀开关可分为 **HK** 系列开启式负荷开关和 **HZ** 系列组合开关，请分别画出它们的符号。

2）根据不同类型刀开关的额定工作电压选用适当的刀开关，完成刀开关功能的连线，如图 1.11 所示。

用于控制照明和电热负载

用于直接控制异步电动机的启动和正反转

用于控制电动机的直接启动和停止

图 1.11 刀开关功能的连线

操作

认真观察刀开关的结构，分别识别与检测两种类型的刀开关，并将检测操作情况填入表 1.12 中。

表 1.12 刀开关识别与检测操作记录表

序号	任务	操作记录	操作评价
1	识读型号	开启式负荷开关的型号为_____，组合开关的型号为_____	
2	识别接线端	开启式负荷开关的进线端（上端）为_____端，出线端（下端）为_____端；组合开关的进线端（上端）为_____端，出线端（下端）为_____端	
3	检测开关的好坏	将万用表置于_____挡。经检测，当合上开关时，开启式负荷开关的进、出线端之间的阻值为_____，开启式负荷开关_____（正常或断路） 当组合开关手柄转在"0"位置时，组合开关的进线端、出线端之间的阻值为_____；当组合开关手柄转在"1"位置时，组合开关的进线端、出线端之间的阻值为_____，组合开关_____（正常或断路）	

◆拓展思考

请与小组成员讨论并记录刀开关在安装过程中的注意事项，与教师进行沟通交流。

_____

_____

_____

三、识别与检测低压断路器

◆讨论

1）低压断路器的功能是什么？画出低压断路器的符号。

2）低压断路器由哪几部分组成？

3）低压断路器的型号应当如何表示？

◆操作

认真观察低压断路器的结构，识别与检测低压断路器，并将检测操作情况填入表 1.13 中。

表 1.13 低压断路器识别与检测操作记录表

序号	任务	操作记录	操作评价
1	识读型号	低压断路器的型号为_____	
2	识别接线端	上接线端为_____端，下接线端为_____端	
3	检测低压断路器的好坏	将万用表置于_____挡。经检测，当合上低压断路器时，低压断路器的进、出线端之间的阻值为_____，低压断路器_____（正常或断路）	

◆拓展思考

请与小组成员讨论并记录低压断路器在安装过程中的注意事项，与教师进行沟通交流。

_____

_____

_____

⚡任务评价

请将低压配电电器操作技能训练评分填入表 1.14 中。

表 1.14　低压配电电器操作技能训练评分表

序号	项目	评分标准	配分	扣分
1	电器识别	识别错误，每次扣 10 分	30	
2	电器拆装	1）拆卸、组装步骤不正确，每步骤扣 10 分 2）损坏或者丢失零件，每个扣 10 分	40	
3	电器检测	1）检测不正确，每个扣 10 分 2）工具、仪表使用不正确，每次扣 5 分	30	
安全文明操作		违反安全文明操作规程（扣分视具体情况而定）		
开始时间		结束时间	实际时间	
综合评价				
评价人			日期	

常用低压控制电器的识别与检测

在生产实践中，各种生产机械的工作性质和加工工艺不同，使得它们对电动机的控制要求不同，需用的电器类型和电器数量不同，因此构成的控制电路也不同，有的比较简单，有的却相当复杂，但是任何复杂的控制电路都是由一些基本的控制器件有机地组合起来的。常用低压控制电器有按钮、交流接触器、继电器和行程开关等。

任务目标

1）能够认识各类常用低压控制电器的外形、结构、图形符号和文字符号。
2）能够叙述各类常用低压控制电器的功能。
3）能够正确选用常用低压控制电器。
4）能够识别和检测常用低压控制电器的质量好坏。
5）能够规范安装常用低压控制电器。

工作情景

小明顺利排除了配电室低压配电电器故障，解决了车间停电问题，许师傅休假回来后对其大加赞许。一天，许师傅从电工包里面拿出一个低压控制电器对小明说："我考考你，这是什么电器？"小明拿过许师傅手中的电器看了看铭牌，马上说出了正确答案。许师傅又对小明说："这个电器有些小问题，你把它修好了给我。"假如你是小明，你应该如何修复这个低压控制电器呢？

相关知识

一、按钮

按钮是一种手动操作接通或者断开小电流控制电路的主令电器，常用于控制电路中发出启动或停止等指令，通过控制接触器、继电器等低压控制电器的通断，接通或者断开主电路。

（一）按钮的外形、结构和符号

按钮一般由按钮帽、复位弹簧、桥式动触点、静触点、外壳及支柱连杆等组成。按照静态时触点的分合状态，按钮可分为常闭按钮、常开按钮和复合按钮。

常开按钮：未按下时，触点是断开的；按下时，触点闭合；当松开后，按钮自动复位。

常闭按钮：未按下时，触点是闭合的；按下时，触点断开；当松开后，按钮自动复位。

复合按钮：复合按钮是将常开按钮和常闭按钮组合为一体。按下复合按钮时，其常闭触点先断开，然后常开触点再闭合；当松开复合按钮时，其常开触点先断开，然后常闭触点再闭合。

常用按钮的外形如图 2.1 所示。按钮的结构和符号如图 2.2 所示。

（a）LA10 系列　　（b）LA19 系列　　（c）LA13 系列　（d）BS 系列　（e）COB 系列　（f）LA4 系列

图 2.1　常用按钮的外形

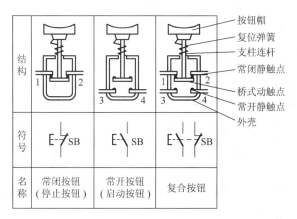

图 2.2　按钮的结构和符号

为了便于识别各个按钮的作用，避免误操作，通常用不同的颜色和符号标志来区分按钮的作用。按钮颜色的含义见表 2.1。

表 2.1　按钮颜色的含义

颜色	含义	说明	应用举例
红	紧急	危险或紧急情况时操作	急停
黄	异常	异常情况时操作	干预、制止异常情况 干预、重新启动已中断的自动循环
绿	安全	安全情况或为正常情况准备时操作	启动/接通

续表

颜色	含义	说明	应用举例
蓝	强制性的	要求强制动作情况下的操作	复位功能
白			启动/接通(优先) 停止/断开
灰	未赋予特定含义	除急停以外的一般功能的启动	启动/接通 停止/断开
黑			启动/接通 停止/断开(优先)

注：如果用代码的辅助手段（如标记、形状、位置）来识别按钮操作件，则白、灰或黑同一种颜色可用于标注各种不同功能（如白色用于标注启动/接通和停止/断开）。

（二）按钮的型号及含义

按钮的型号及含义如图 2.3 所示。常用按钮的型号有 LA4、LA10、LA13、LA19、LA25 等系列。

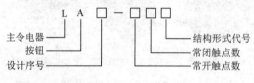

图 2.3　按钮的型号及含义

（三）按钮的选用

1）根据使用场合和具体用途选用按钮的种类。例如，嵌装在操作面板上的按钮，一般选用开启式；需显示工作状态时，一般选用带指示灯式；在重要场所，为防止无关人员误操作，一般选用钥匙式；在有腐蚀性气体的场所，一般选用防腐式。

2）根据工作状态指示和工作情况要求选用按钮或指示灯的颜色。例如，急停按钮选用红色；停止/断开按钮选用黑色或白色，优先选用黑色；启动/接通按钮选用绿色；应急/干预按钮选用黄色。

3）根据控制回路的需要选择按钮的数量。

（四）识别与检测按钮

识别与检测按钮的方法见表 2.2。

表 2.2　识别与检测按钮的方法

序号	任务	操作要点
1	看按钮的颜色	绿色按钮为启动按钮，红色按钮为停止按钮
2	观察按钮的常闭触点	先找到对角线上的接线端，动触点与静触点处于闭合状态
3	观察按钮的常开触点	先找到对角线上的接线端，动触点与静触点处于分断状态
4	按下按钮，观察触点动作情况	边按边看，常闭触点先断开，常开触点后闭合
5	松开按钮，观察触点动作情况	边松边看，常开触点先复位，常闭触点后复位

续表

序号	任务	操作要点
6	检测判别 3 个常闭触点的好坏	将万用表置于"R×1Ω"挡，进行欧姆调零后，将两支表笔分别搭接在常闭触点两端。常态时，各常闭触点两端的阻值约为0；按下按钮后再测量阻值，阻值为∞
7	检测判别 3 个常开触点的好坏	将万用表置于"R×1Ω"挡，进行欧姆调零后，将两支表笔分别搭接在常开触点两端。常态时，各常开触点两端的阻值约为∞；按下按钮后再测量阻值，阻值为0

（五）按钮的安装与使用

1）按钮应当根据电动机启动的先后顺序自上而下或者从左到右排列在面板上。

2）同一台机床的运动部件有多种工作状态时，应当使每一对相反状态的按钮安装在一组。

3）带指示灯式按钮不宜用于需要长期通电显示之处。

4）由于按钮的触点间距较小，因此应当注意保持触点的清洁。

二、交流接触器

交流接触器是一种电磁式自动开关，是电力拖动和自动控制系统中应用最普遍的一种低压控制电器，其主要作用是对大电流或负载进行自动控制。在机床电气自动控制中，交流接触器用于频繁接通或者分断正常工作状态下的主电路和控制电路，其作用与刀开关类似，并且还具有低电压释放保护功能及控制容量大、远距离控制等优点。

（一）交流接触器的外形、结构和符号

常用交流接触器的外形和符号如图 2.4 所示。

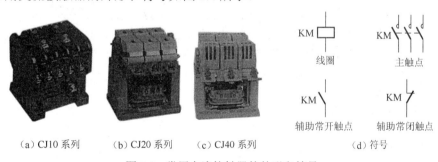

(a) CJ10 系列　　(b) CJ20 系列　　(c) CJ40 系列　　(d) 符号

图 2.4　常用交流接触器的外形和符号

交流接触器主要由电磁机构、触点系统、灭弧装置和辅助部件等组成。交流接触器的结构如图 2.5 所示。

交流接触器的工作原理如图 2.6 所示。当电磁线圈通电后，线圈电流产生磁场，使静铁心产生电磁吸力将衔铁（动铁心）吸合，衔铁带动触点动作，使常闭触点断开，常开触点闭合。当电磁线圈断电时，电磁吸力消失，衔铁在复位弹簧力的作用下释放，各触点随之复位。

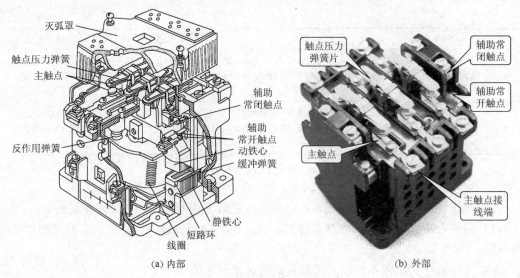

图 2.5　交流接触器的结构图

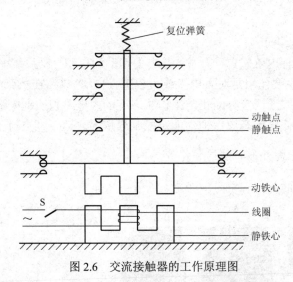

图 2.6　交流接触器的工作原理图

（二）交流接触器的型号及含义

交流接触器的型号及含义如图 2.7 所示。

图 2.7　交流接触器的型号及含义

（三）交流接触器的选用

1. 交流接触器的主要技术参数

交流接触器的主要技术参数有额定电压、额定电流和线圈额定电压。常用的 CJT1 系列交流接触器的主要技术参数见表 2.3。

表 2.3　常用的 CJT1 系列交流接触器的主要技术参数

型号	主触点（额定电压 380V）		辅助触点（额定电压 380V）	线圈		可控制电动机最大功率/kW	
	对数	额定电流/A		电压/V	功率/V·A	220V	380V
CJT1—10	3	10	额定电流 5A，触点对数均为二常开二常闭	可为	11	2.2	4
CJT1—20		20		36	22	5.8	10
CJT1—40		40		110	32	11	20
CJT1—60		60		127	95	17	30
CJT1—100		100		220	105	28	50
CJT1—150		150		380	110	43	75

2. 交流接触器的选用

（1）主触点的选用

① 主触点的额定电压。主触点的额定电压应当大于或等于所控制电路的额定电压。

② 主触点的额定电流。主触点的额定电流应当大于或等于负载的额定电流。若将交流接触器用于控制电动机频繁启动、制动及正反转，则应将主触点的额定电流降低一个等级使用。

（2）线圈额定电压的选用

当控制电路比较简单、使用电器的数量较少时，可以直接选用 380V 或 220V 的线圈电压。当控制电路较为复杂、使用电器的数量超过 5 个时，可以选用 36V 或 110V 的线圈电压。

（3）触点数量及触点类型的选用

触点的数量及类型应当满足主电路和控制电路的要求。

（四）识别与检测交流接触器

识别与检测 CJT1—10 型交流接触器的方法见表 2.4。

表 2.4　识别与检测 CJT1—10 型交流接触器的方法

序号	任务	操作要点
1	识读交流接触器型号	交流接触器的型号标注在窗口侧下方的铭牌上
2	识别交流接触器线圈的额定电压	从交流接触器的窗口向里看（同一型号的交流接触器线圈有不同的电压等级）
3	找到线圈的接线端	在交流接触器的下半部分，编号分别为 A1、A2，标注在接线端旁

续表

序号	任务	操作要点
4	找到 3 对主触点的接线端	在交流接触器的上半部分，编号分别为 1/L1-2/T1、3/L2-4/T2、5/L3-6/T3，标注在对应接线端的顶部
5	找到 2 对辅助常开触点的接线端	在交流接触器的上半部分，编号分别为 22-24、43-44，标注在对应接线端的外侧
6	找到 2 对辅助常闭触点的接线端	在交流接触器的顶部，编号分别为 11-12、31-33，标注在对应接线端的顶部
7	压下交流接触器，观察触点吸合情况	边压边看，常闭触点先断开，常开触点后闭合
8	释放交流接触器，观察触点复位情况	边放边看，常开触点先复位，常闭触点后复位
9	检测判别 2 对辅助常闭触点的好坏	将万用表置于"R×1Ω"挡，进行欧姆调零后，将两支表笔分别搭接在常闭触点两端。常态时，各常闭触点的阻值约为 0；压下交流接触器后再测量阻值，阻值为∞
10	检测判别 5 对辅助常开触点的好坏	将万用表置于"R×1Ω"挡，进行欧姆调零后，将两支表笔分别搭接在常开触点两端。常态时，各常开触点的阻值约为∞；压下交流接触器后再测量阻值，阻值为 0
11	检测判别交流接触器线圈的好坏	将万用表置于"R×100Ω"挡，进行欧姆调零后，将两支表笔分别搭接在交流接触器线圈两端，线圈直流电阻的阻值约为 1600Ω
12	测量各触点接线端之间的阻值	将万用表置于"R×10kΩ"挡，进行欧姆调零后，各触点接线端之间绝缘电阻的阻值为∞

（五）交流接触器的安装与使用

1）交流接触器在安装前应当检查铭牌与线圈的技术参数是否符合实际使用要求。

2）交流接触器一般应当安装在垂直面上，倾斜度不得超过 5°。若有散热孔，则应将有孔的一面放在垂直方向上，以便于散热。

3）安装孔的螺钉应当装有弹簧垫圈和平垫圈，并拧紧螺钉，以防振动松脱。

4）交流接触器的触点应当保持清洁。

5）带有灭弧罩的交流接触器不允许不带灭弧罩或带着破损的灭弧罩运行。

三、热继电器

热继电器是一种电气保护器件。它是利用电流的热效应来推动动作机构使触点闭合或断开的保护电器，主要用于电动机的过载保护、断相保护、电流不平衡保护，以及其他电气设备发热状态时的控制。

（一）热继电器的外形、结构和符号

常用热继电器的外形和符号如图 2.8 所示。

热继电器主要由热元件、动作机构、触点系统、电流整定装置和复位按钮等组成。热继电器的结构如图 2.9 所示。

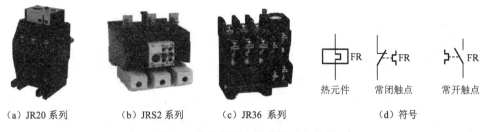

（a）JR20 系列　　　（b）JRS2 系列　　　（c）JR36 系列　　　（d）符号

图 2.8　常用热继电器的外形和符号

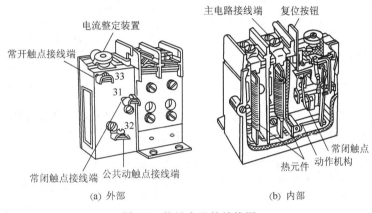

（a）外部　　　　　　　　　　（b）内部

图 2.9　热继电器的结构图

（二）热继电器的工作原理

热继电器的工作原理如图 2.10 所示。热继电器的热元件串联在主电路中，常闭触点串联在控制电路中。当电动机过载时，主电路中的电流超过允许值而使热元件的双金属片受热，一段时间后，双金属片向左弯曲推动导板动作，造成导板脱扣，导板在弹簧的拉力下将常闭触点断开，而常闭触点是串联在电动机的控制电路中的，导致控制电路断开，接触器的线圈也随之断开，从而断开电动机主电路。

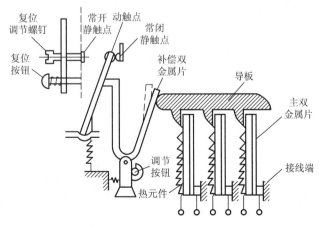

图 2.10　热继电器的工作原理图

（三）热继电器的型号及含义

热继电器的型号及含义如图 2.11 所示。

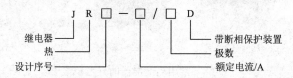

图 2.11　热继电器的型号及含义

（四）热继电器的选用

1. 热继电器的主要技术参数

热继电器的主要技术参数有额定电压、额定电流，热元件的额定电流、调节范围和整定电流。常用热继电器的主要技术参数见表 2.5。

表 2.5　常用热继电器的主要技术参数

型号	额定电流/A	热元件电流等级	
		额定电流/A	额定电流调节范围/A
JR16B—20/3 JR16B—20/3D	20	0.35	0.25～0.35
		0.50	0.32～0.50
		0.72	0.45～0.72
		1.10	0.68～1.10
		1.60	1.00～1.60
		2.40	1.50～2.40
		3.50	2.20～3.50
		5.00	3.20～5.00
		7.20	4.50～7.20
		11.00	6.80～11.00
		16.00	10.0～16.0
		22.00	14.0～22.0
JR16—40/3D	40	0.64	0.40～0.64
		1.00	0.64～1.00
		1.60	1.00～1.60
		2.50	1.60～2.50
		4.00	2.50～4.00
		6.40	4.00～6.40
		10.00	6.40～10.0
		16.00	10.0～16.0
		25.00	16.0～25.0
		40.00	25.00～40.00

2. 热继电器的选用

选择热继电器时，主要根据所保护电动机的额定电流来确定热继电器的规格和热元件的电流等级。

1）根据电动机的额定电流选择热继电器的规格。一般应当使热继电器的额定电流略大于电动机的额定电流。

2）根据需要的整定电流值选择热元件的编号和电流等级。一般情况下，热元件的整定电流为电动机额定电流的 0.95～1.05 倍。

3）根据电动机定子绕组的连接方式选择热继电器的结构形式。例如，定子绕组接成星形联结的电动机选用普通三相结构式热继电器，定子绕组接成三角形联结的电动机选用带有断相保护装置的三相结构式热继电器。

（五）识别与检测热继电器

识别与检测 JR36 系列热继电器的方法见表 2.6。

表 2.6　识别与检测 JR36 系列热继电器的方法

序号	任务	操作要点
1	识读热继电器的铭牌	铭牌贴在热继电器的侧面
2	找到整定电流调节旋钮	调节旋钮旁边标有整定电流值
3	找到复位按钮	位于热继电器后侧上方，标有"REST/STOP"
4	找到测试键	位于热继电器前侧下方，标有"TEST"
5	找到驱动元件的接线端	驱动元件的接线端编号分别为 1/L2-2/T1、3/L2-4/T2、5/L3-6/T3
6	找到常闭触点的接线端	常闭触点的接线端编号为 95-96，标注在对应的接线端旁
7	找到常开触点的接线端	常开触点的接线端编号为 97-98，标注在对应的接线端旁
8	检测判别常闭触点的好坏	将万用表置于"R×1Ω"挡，进行欧姆调零后，将两支表笔分别搭接在常闭触点两端。常态时，各常闭触点的阻值约为 0；按下动作测试键后再测量，阻值为∞
9	检测判别常开触点的好坏	将万用表置于"R×1Ω"挡，进行欧姆调零后，将两支表笔分别搭接在常开触点两端。常态时，各常开触点的阻值约为∞；按下动作测试键后再测量，阻值为 0

（六）热继电器的安装与使用

1）热继电器由于热惯性不能用于短路保护，但是热惯性不会使热继电器在电动机启动或者短时过载时动作，可以避免电动机不必要的停车。

2）当热继电器与其他电器安装在一起时，应当将热继电器安装在其他电器的下方，以免其动作特性受到其他电器发热的影响。

3）热继电器在出厂时均设置为手动复位方式。若需要自动复位，则只要将复位螺钉顺时针方向旋转 3～4 圈并稍微拧紧即可。

四、时间继电器

时间继电器是一种利用电磁原理或机械原理实现触点延时接通或断开的控制电器，它在需要按时间顺序进行控制的电气控制电路中得到了广泛的应用。

（一）时间继电器的外形、结构和符号

时间继电器的种类很多，主要有电磁式、电动式、数字式、空气阻尼式和晶体管式。常用时间继电器的外形如图 2.12 所示。

（a）JS7 空气阻尼式　　　　（b）JS14P 数字式　　　（c）JS20 晶体管式

图 2.12　常用时间继电器的外形

时间继电器的延时方式有以下两种：

1）通电延时型。当时间继电器的线圈得电时，其延时触点延时动作（分为延时断开和延时闭合两种）、瞬时触点瞬时动作；当线圈失电时，所有触点都瞬时复位。

2）断电延时型。当时间继电器的线圈得电时，所有触点都瞬时动作；当线圈失电时，其延时触点延时复位、瞬时触点瞬时复位。

1. 空气阻尼式时间继电器

JS7 系列空气阻尼式时间继电器主要由电磁系统、触点系统、空气室、延时机构和基座等组成。JS7 系列空气阻尼式时间继电器的外形和结构如图 2.13 所示。

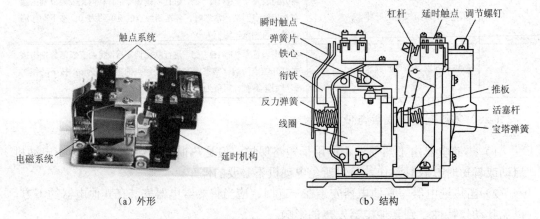

（a）外形　　　　　　　　　　　　　（b）结构

图 2.13　JS7 系列空气阻尼式时间继电器的外形和结构图

JS7 系列空气阻尼式时间继电器是利用气囊中的空气通过小孔节流的原理来获得延

时的，其工作原理如图 2.14 所示。

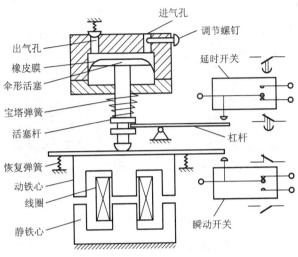

图 2.14　JS7 系列空气阻尼式时间继电器的工作原理图

同一个 JS7 系列空气阻尼式时间继电器的延时方式可以在通电延时型和断电延时型之间相互转换，只要拆卸支架的两个螺钉，然后将电磁系统翻转 180°，再安装两个螺钉，经过适当调整后拧紧，即可完成 JS7 系列空气阻尼式时间继电器的改装任务。

JS7 系列空气阻尼式时间继电器的型号及含义如图 2.15 所示。

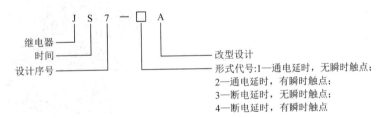

图 2.15　JS7 系列空气阻尼式时间继电器的型号及含义

JS7 系列空气阻尼式时间继电器的主要技术参数见表 2.7。

表 2.7　JS7 系列空气阻尼式时间继电器的主要技术参数

型号	瞬时动作触点数量		延时动作触点数量				触点额定电压/V	触点额定电流/A	线圈电压/V	延时范围/s	额定操作频率/(次/h)
			通电延时		断电延时						
	常开	常闭	常开	常闭	常开	常闭					
JS7—1A	—	—	1	1	—	—	380	5	24、36、110、127、220、380	0.4～60 及 0.4～180	600
JS7—2A	1	1	1	1	—	—					
JS7—3A	—	—	—	—	1	1					
JS7—4A	1	1	—	—	1	1					

2. 晶体管式时间继电器

晶体管式时间继电器又称为半导体时间继电器或电子式时间继电器，其具有结构简单、延时范围广、精度高、消耗功率小、调整方便和寿命长等优点，应用范围越来越广。

ST3P 系列晶体管式时间继电器的外形如图 2.16 所示。ST3P 系列晶体管式时间继电器具有体积小、重量轻、延时精度高、延时范围广、抗干扰性能强、可靠性好和寿命长等特点，适用于各种要求高精度、高可靠性自动控制的场合，作延时控制之用。

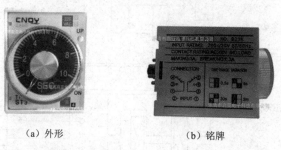

（a）外形　　　　　　　　　　　　　（b）铭牌

图 2.16　ST3P 系列晶体管式时间继电器

ST3P 系列晶体管式时间继电器的接线图及底座如图 2.17 所示。这是通电延时型时间继电器，其中，2 脚和 7 脚接电源（相当于电磁式继电器的线圈），两对延时断开常闭触点分别是 1 脚和 4 脚、5 脚和 8 脚，两对延时闭合常开触点分别是 1 脚和 3 脚、8 脚和 6 脚，待接线完毕后将时间继电器插入底座。

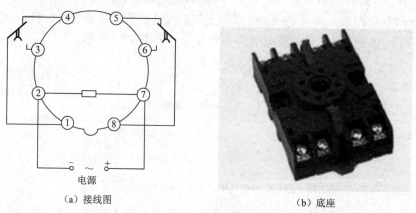

（a）接线图　　　　　　　　　　　　（b）底座

图 2.17　ST3P 系列晶体管式时间继电器的接线图及底座

由于 ST3P 系列晶体管式时间继电器的产品型号比较复杂，因此在每个晶体管式时间继电器的外壳上都有明显的标识图，使用时必须仔细查看继电器的产品使用说明书及外壳上的标识图（图 2.16）。

ST3P 系列晶体管式时间继电器的型号及含义如图 2.18 所示。

（二）时间继电器的选用

时间继电器的选用主要考虑时间继电器的类型、延时方式和线圈电压。

1）根据系统的延时范围和精度选用时间继电器的类型。一般对于延时精度要求不高的场合可以选用空气阻尼式时间继电器，对于延时精度要求较高的场合可以选用晶体管式时间继电器。

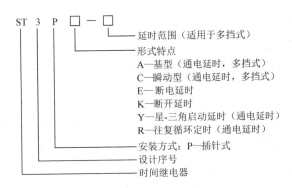

图 2.18 ST3P 系列晶体管式时间继电器的型号及含义

2）根据控制电路的要求选用时间继电器的延时方式。

3）根据控制电路的工作电压选用空气阻尼式时间继电器的线圈电压或晶体管式时间继电器的工作电压。

（三）识别与检测时间继电器

识别与检测 JS7 系列空气阻尼式时间继电器的方法见表 2.8。

表 2.8 识别与检测 JS7 系列空气阻尼式时间继电器的方法

序号	任务	操作要点
1	识读时间继电器的型号	时间继电器的型号标注在正面（调节螺钉边）
2	找到整定时间调节旋钮	调节旋钮旁边标注的整定时间
3	找到延时常闭触点的接线端	在气囊上方两侧，旁边标注相应符号
4	找到延时常开触点的接线端	在气囊上方两侧，旁边标注相应符号
5	找到瞬时常闭触点的接线端	在气囊上方两侧，旁边标注相应符号
6	找到瞬时常开触点的接线端	在气囊上方两侧，旁边标注相应符号
7	找到线圈的接线端	分别在线圈两侧
8	识读时间继电器线圈参数	时间继电器线圈参数标注在线圈侧面
9	检测延时常闭触点接线端的好坏	将万用表置于"R×1Ω"挡，进行欧姆调零后，将两支表笔分别搭接在延时常闭触点两端。常态时，阻值约为0
10	检测延时常开触点接线端的好坏	将万用表置于"R×1Ω"挡，进行欧姆调零后，将两支表笔分别搭接在延时常开触点两端。常态时，阻值约为∞
11	检测瞬时常闭触点接线端的好坏	将万用表置于"R×1Ω"挡，进行欧姆调零后，将两支表笔分别搭接在瞬时常闭触点两端。常态时，阻值约为0
12	检测瞬时常开触点接线端的好坏	将万用表置于"R×1Ω"挡，进行欧姆调零后，将两支表笔分别搭接在瞬时常开触点两端。常态时，阻值约为∞
13	检测线圈的阻值	将万用表置于"R×1kΩ"挡，进行欧姆调零后，将两支表笔分别搭接在线圈接线端的两端

（四）时间继电器的安装与使用

1）使用时，在不通电的情况下整定时间继电器的整定值，并在试车时校正。

2）通电延时型时间继电器和断电延时型时间继电器可以在整定时间内自行调换延时方式。

3）时间继电器金属底板上的接地螺钉必须与接地线可靠连接。

4）时间继电器应当按照说明书规定的方向安装。延时方式无论是通电延时型还是断电延时型，都必须使时间继电器在断电释放时衔铁的运动方向垂直向下，其倾斜度不得超过5°。

五、速度继电器

速度继电器是反映转速和转向的继电器，其工作方式是以旋转速度的快慢为指令信号，与接触器配合实现对电动机的反接制动控制，因此又称为反接制动继电器。

（一）速度继电器的外形、结构和符号

速度继电器的主要结构由定子、转子和触点三部分组成。常用的速度继电器有 JY1型和 JFZ0 型两种。JY1 型速度继电器的外形、结构和符号如图 2.19 所示。

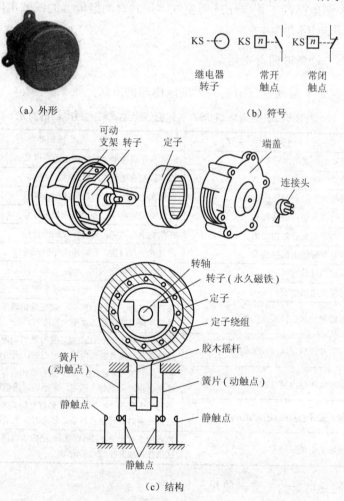

图 2.19　JY1 型速度继电器的外形、符号和结构

速度继电器的动作转速一般为 100～300r/min，复位转速约为 100r/min。速度继电器有两对常开触点和两对常闭触点，分别称为正转常开触点、正转常闭触点、反转常开

触点和反转常闭触点。

电动机正转启动运行，当转速达到 120r/min 时，正转常开触点闭合，正转常闭触点断开，用于控制所需控制的电路；电动机正转停止，当转速下降至 100r/min 时，在弹簧力的作用下正转常开触点复位断开，正转常闭触点复位闭合。同理，电动机反转启动运行，当转速达到 120r/min 时，反转常开触点闭合，反转常闭触点断开，用于控制所需控制的电路；电动机反转停止，当转速下降至 100r/min 时，反转常开触点复位断开，反转常闭触点复位闭合。

速度继电器接线时，仔细观察速度继电器的触点结构，分清常开触点和常闭触点。速度继电器的触点系统如图 2.20 所示。

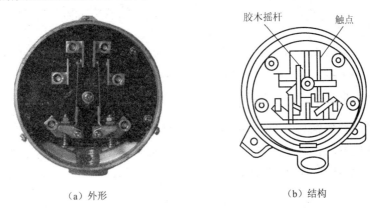

（a）外形　　　　　　　　　（b）结构

图 2.20　速度继电器的触点系统

（二）速度继电器的型号及含义

速度继电器的型号及含义如图 2.21 所示。

图 2.21　速度继电器的型号及含义

（三）速度继电器的选用

主要根据所需控制的转速大小、触点数量和电压、电流来选用速度继电器。常用速度继电器的主要技术参数见表 2.9。

表 2.9　常用速度继电器的主要技术参数

型号	触点额定电压/V	触点额定电流/A	额定工作转速/（r/min）	触点数量	
				正转时动作	反转时动作
JY1	380	2	100～3000	1 常开，1 常闭	1 常开，1 常闭

（四）识别与检测速度继电器

识别与检测 JY1 系列速度继电器的方法见表 2.10。

表 2.10　识别与检测 JY1 系列速度继电器的方法

序号	任务	操作要点
1	识读速度继电器的型号	速度继电器的型号标注在端盖的铭牌上
2	找到设定值调节螺钉	打开端盖,找到穿有弹簧的螺钉
3	找到 2 对常闭触点的接线端	打开端盖,调节螺钉旁的接线端分别为正、反转公共接线端,4 个触点分别为
4	找到 2 对常开触点的接线端	正转常开触点、正转常闭触点、反转常开触点和反转常闭触点
5	观察触点动作	正向旋转 KS,只有一组触点动作;反向旋转 KS,另一组触点动作
6	识读速度继电器线圈参数	速度继电器的线圈参数标注在端盖的铭牌上
7	检测 2 对常闭触点接线端的好坏	将万用表置于"R×1Ω"挡,进行欧姆调零后,将两支表笔分别搭接在触点两端。旋转 KS,当转速小于 150r/min 时,阻值约为 0;当转速大于 150r/min 时,阻值约为 ∞
8	检测 2 对常开触点接线端的好坏	将万用表置于"R×1Ω"挡,进行欧姆调零后,将两支表笔分别搭接在触点两端。旋转 KS,当转速小于 150r/min 时,阻值约为 ∞;当转速大于 150r/min 时,阻值约为 0

（五）速度继电器的安装与使用

1）速度继电器的轴与电动机的轴相连接,转子固定在轴上,定子与轴同心。

2）速度继电器的正、反向触点不能接错,否则不能实现反接制动控制。

3）速度继电器的金属外壳应当可靠接地。

六、行程开关

行程开关又称为限位开关或位置开关,其作用与按钮相同,区别在于其触点动作不是靠手指的按压,而是利用机械运动部件的碰撞使其触点动作接通或者断开控制电路。行程开关是将机械位移信号转变为电信号来控制机械运动的,主要用于控制机械的运动方向、行程大小和位置保护,从而使运动机械按照一定的位置或行程实现自动停止、反向运动、变速运动或自动往返运动等。

（一）行程开关的外形、结构和符号

常用的行程开关可分为按钮式和旋转式两种类型。行程开关的外形、结构及符号如图 2.22 所示。

按钮式（直动式）

单轮旋转式
（a）外形

双轮旋转式

图 2.22　行程开关的外形、结构及符号

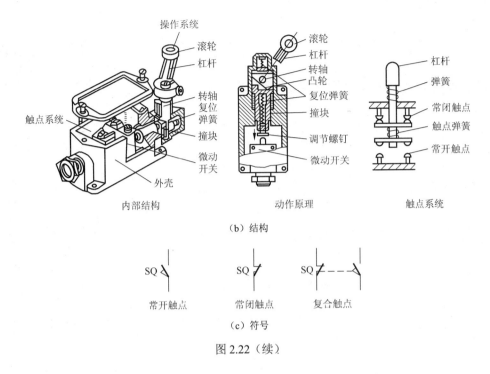

（b）结构

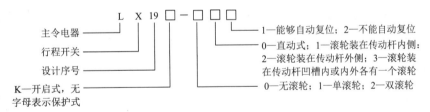

（c）符号

图 2.22（续）

（二）行程开关的型号及含义

行程开关的常用型号有 LX19 系列和 JLXK1 系列。LX19 系列行程开关的型号及含义如图 2.23 所示。JLXK1 系列行程开关的型号及含义如图 2.24 所示。

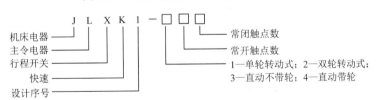

图 2.23　LX19 系列行程开关的型号及含义

图 2.24　JLXK1 系列行程开关的型号及含义

（三）行程开关的选用

主要根据动作要求、安装位置和触点数量来选用行程开关。常用行程开关的主要技术参数见表 2.11。

表 2.11　常用行程开关的主要技术参数

型号	额定电压和额定电流	类型	触点对数		工作行程	超行程	触点转换时间
			常开	常闭			
LX19	380V 5A	元器件	1	1	3mm	1mm	—
LX19—111		内侧单轮、自动复位	1	1	≈30°	≈20°	
LX19—121		外侧单轮、自动复位	1	1	≈30°	≈20°	
LX19—131		内外侧单轮、自动复位	1	1	≈30°	≈20°	
LX19—212		内侧双轮、自动复位	1	1	≈30°	≈15°	
LX19—222		外侧双轮、自动复位	1	1	≈30°	≈15°	
LX19—232		内外侧双轮、自动复位	1	1	≈30°	≈15°	
JLXK1—111	500V 5A	单轮防护式	1	1	12°～15°	≤30°	≤0.04s
JLXK1—211		双轮防护式	1	1	≈45°	≤45°	
JLXK1—311		按钮防护式	1	1	1～3mm	2～4mm	
JLXK1—411		按钮旋转防护式	1	1	1～3mm	2～4mm	

（四）识别与检测行程开关

识别与检测 LX19 系列行程开关的方法见表 2.12。

表 2.12　识别与检测 LX19 系列行程开关的方法

序号	任务	操作要点
1	识读行程开关的型号	行程开关的型号标注在面板盖上
2	观察行程开关的常闭触点	拆下面板盖，桥式动触点与静触点处于闭合状态
3	观察行程开关的常开触点	拆下面板盖，桥式动触点与静触点处于分断状态
4	压下行程开关，观察触点动作情况	边压边看，常闭触点先断开，常开触点后闭合
5	松开行程开关，观察触点动作情况	边松边看，常开触点先复位，常闭触点后复位
6	检测常闭触点的好坏	将万用表置于"R×1Ω"挡，进行欧姆调零后，将两支表笔分别搭接在常闭触点两端。常态时，各常闭触点的阻值约为0；压下行程开关后再测量阻值，阻值为∞
7	检测常开触点的好坏	将万用表置于"R×1Ω"挡，进行欧姆调零后，将两支表笔分别搭接在常开触点两端。常态时，各常开触点的阻值约为∞；压下行程开关后再测量阻值，阻值为0

（五）行程开关的安装与使用

1）安装行程开关时，安装位置要准确，安装要牢固，滚轮的方向不能装反。

2）由于行程开关经常受到挡铁的碰撞，安装螺钉会松动造成位移，因此应当经常检查。

3）行程开关在不工作时应当处于不受外力的释放状态。

⚡ 任务实施

一、识别与检测按钮

✿ 讨论

1）按钮的功能是什么？应当将按钮连接在主电路还是控制电路中？

2）画出启动按钮、停止按钮和复合按钮的图形符号。

3）启动按钮、停止按钮和复合按钮是怎样动作的？它们所对应的颜色是什么？

✿ 操作

认真观察按钮的结构，识别与检测按钮，并将检测操作情况填入表 2.13 中。

表 2.13 识别与检测按钮操作记录表

序号	任务	操作记录
1	看按钮的颜色	绿色按钮为_____按钮，红色按钮为_____按钮
2	观察按钮的常闭触点	先找到对角线上的接线端，动触点与静触点处于_____状态
3	观察按钮的常开触点	先找到对角线上的接线端，动触点与静触点处于_____状态
4	按下按钮，观察触点动作情况	边按边看，_____触点先断开，_____触点后闭合
5	松开按钮，观察触点动作情况	边松边看，_____触点先复位，_____触点后复位
6	检测判别 3 个常闭触点的好坏	将万用表置于_____挡。经检测，常态时，各常闭触点两端的阻值约为___；按下按钮后再测量阻值，阻值为_____，常闭触点质量_____（合格或不合格）
7	检测判别 3 个常开触点的好坏	将万用表置于_____挡。经检测，常态时，各常开触点两端的阻值约为___；按下按钮后再测量阻值，阻值为_____，常开触点质量_____（合格或不合格）

✿ 拓展思考

1）装修某厨房需要安装照明电路，要求一个按钮控制一盏灯，请认真思考并绘制控制电路图。

L _____

N _____

PE_____

2）请按照绘制的电路图对控制回路进行接线并运行，认真观察并记录现象，并与小组成员讨论出现的问题及其解决方案。

_____

_____

_____

二、识别与检测交流接触器

讨论

1）交流接触器的功能是什么？

2）交流接触器是由哪几部分组成的？

3）画出交流接触器的符号。

4）交流接触器的型号应当如何表示？

操作

1）简述拆装 CJT1 交流接触器的步骤，并实践操作。

_____

_____

_____

2）认真观察交流接触器的结构，识别与检测交流接触器，并将检测操作情况填入表 2.14 中。

表 2.14　交流接触器识别与检测操作记录表

序号	任务	操作记录	操作评价
1	识读交流接触器的型号	交流接触器的型号为_____	
2	识别交流接触器线圈的额定电压	交流接触器线圈的额定电压为_____	
3	找到线圈的接线端	交流接触器线圈的接线端编号为_____	
4	找到 3 对主触点的接线端	交流接触器主触点的接线端编号为_____	
5	找到 2 对辅助常开触点的接线端	交流接触器辅助常开触点的接线端编号为_____	
6	找到 2 对辅助常闭触点的接线端	交流接触器辅助常闭触点的接线端编号为_____	
7	压下交流接触器，观察触点吸合情况	边压边看，_____先断开，_____后闭合	
8	释放交流接触器，观察触点复位情况	边放边看，_____先复位，_____后复位	
9	检测判别 2 对常闭触点的好坏	将万用表置于_____挡。经检测，常态时，常闭触点的阻值约为_____；压下交流接触器后，阻值为_____，常闭触点质量_____（合格或不合格）	

续表

序号	任务	操作记录	操作评价
10	检测判别5对常开触点的好坏	将万用表置于_____挡。经检测，常态时，常开触点的阻值约为_____；压下交流接触器后，阻值为_____，常开触点质量_____（合格或不合格）	
11	检测判别交流接触器线圈的好坏	将万用表置于_____挡。经检测，线圈的阻值约为_____，质量_____（合格或不合格）	
12	测量各触点接线端之间的阻值	将万用表置于_____挡。经检测，各触点接线端之间的阻值为_____，各触点接线端之间绝缘性能_____（良好或不好）	

拓展思考

分析交流接触器常见故障产生的原因：

1）触点过热。

2）触点磨损。

3）线圈失电后触点不能复位。

4）铁心噪声大。

三、识别与检测热继电器

讨论

1）热继电器的功能是什么？画出热继电器的符号。

2）热继电器是由哪几部分组成的？

3）热继电器的工作原理是什么？

操作

认真观察热继电器的结构，识别与检测热继电器，并将检测操作情况填入表2.15中。

表2.15　热继电器识别与检测操作记录表

序号	任务	操作要点	操作评价
1	读热继电器的铭牌	热继电器的型号为_____，额定电流为_____	
2	找到整定电流调节旋钮	整定电流的调节范围为_____	
3	找到复位按钮	复位按钮的标志是_____	
4	找到测试键	测试键的标志是_____	
5	找到驱动元件的接线端	驱动元件的接线端编号为_____	
6	找到常闭触点的接线端	常闭触点的接线端编号为_____	
7	找到常开触点的接线端	常开触点的接线端编号为_____	

续表

序号	任务	操作要点	操作评价
8	检测判别常闭触点的好坏	将万用表置于_____挡。经检测，常态时，常闭触点的阻值约为_____；按下动作测试键后，阻值为_____，常闭触点质量_____（合格或不合格）	
9	检测判别常开触点的好坏	将万用表置于_____挡。经检测，常态时，常开触点的阻值约为_____；按下动作测试键后，阻值为_____，常开触点质量_____（合格或不合格）	

❖拓展思考

请与小组成员讨论并记录热继电器在安装过程中的注意事项，并与教师进行沟通交流。

四、识别与检测时间继电器

❖讨论

1）时间继电器的功能是什么？

2）观察空气阻尼式时间继电器的外形，并说明其结构组成。

3）时间继电器按照功能可分为通电延时型时间继电器和断电延时型时间继电器，请简述两者工作原理的区别，并分别画出相应的符号。

❖操作

认真观察空气阻尼式时间继电器的结构，识别与检测空气阻尼式时间继电器，并将检测操作情况填入表 2.16 中。

表 2.16　空气阻尼式时间继电器识别与检测操作记录表

序号	任务	操作要点	操作评价
1	识读时间继电器的型号	时间继电器的型号为_____	
2	找到整定时间调节旋钮	调节旋钮旁边标注的整定时间为_____	
3	找到延时常闭触点的接线端	延时常闭触点标注的符号为_____	
4	找到延时常开触点的接线端	延时常开触点标注的符号为_____	
5	找到瞬时常闭触点的接线端	瞬时常闭触点标注的符号为_____	
6	找到瞬时常开触点的接线端	瞬时常开触点标注的符号为_____	
7	找到线圈的接线端	线圈的接线端分别在_____	
8	识读时间继电器线圈参数	时间继电器线圈的额定电流为_____，额定电压为_____	
9	检测延时常闭触点接线端的好坏	将万用表置于_____挡。经检测，常态时，常闭触点的阻值约为_____，常闭触点质量_____（合格或不合格）	

续表

序号	任务	操作要点	操作评价
10	检测延时常开触点接线端的好坏	将万用表置于_____挡。经检测，常态时，常开触点的阻值约为_____，常开触点质量_____（合格或不合格）	
11	检测瞬时常闭触点接线端的好坏	将万用表置于_____挡。经检测，常态时，常闭触点的阻值约为_____，常闭触点质量_____（合格或不合格）	
12	检测瞬时常开触点接线端的好坏	将万用表置于_____挡。经检测，常态时，常开触点的阻值约为_____，常开触点质量_____（合格或不合格）	
13	检测线圈的阻值	将万用表置于_____挡。经检测，线圈的阻值约为_____，线圈质量_____（合格或不合格）	

拓展思考

如何调整空气阻尼式时间继电器的整定时间？

_____

_____

_____

五、识别与检测速度继电器

讨论

速度继电器的功能是什么？画出速度继电器的符号。

操作

认真观察速度继电器的结构，识别与检测速度继电器，并将检测操作情况填入表 2.17 中。

表 2.17　识别与检测速度继电器记录表

序号	任务	操作记录	操作评价
1	识读速度继电器的型号	速度继电器的型号为_____	
2	找到设定值调节螺钉	改变螺钉长短，KS 的动作值、返回值将_____（改变或不变）	
3	找到 2 对常闭触点的接线端	打开端盖，接线端有___个	
4	找到 2 对常开触点的接线端		
5	观察触点动作	正向旋转 KS，有___组触点动作；反向旋转 KS，另有___组触点动作	
6	识读速度继电器线圈参数	速度继电器线圈的额定电流为_____，额定电压为_____，额定转速为_____	
7	检测 2 对常闭触点接线端的好坏	将万用表置于_____挡。经检测，旋转 KS，当转速小于 150 r/min 时，阻值约为_____；当转速大于 150 r/min 时，阻值约为_____，常闭触点质量_____（合格或不合格）	
8	检测 2 对常开触点接线端的好坏	将万用表置于_____挡。经检测，旋转 KS，当转速小于 150 r/min 时，阻值约为_____；当转速大于 150 r/min 时，阻值约为_____，常开触点质量_____（合格或不合格）	

拓展思考

速度继电器在安装连线过程中有哪些注意事项？

_____

_____

_____

六、识别与检测行程开关

讨论

行程开关的功能是什么？画出行程开关的符号。

操作

认真观察行程开关的结构，识别与检测行程开关，并将检测操作情况填入表 2.18 中。

表 2.18　识别与检测行程开关操作记录表

序号	任务	操作要点	操作评价
1	识读行程开关的型号	行程开关的型号为_____	
2	观察行程开关的常闭触点	拆下面板盖，桥式动触点与静触点处于_____状态	
3	观察行程开关的常开触点	拆下面板盖，桥式动触点与静触点处于_____状态	
4	压下行程开关，观察触点动作情况	边压边看，常闭触点先_____，常开触点后_____	
5	松开行程开关，观察触点动作情况	边松边看，常开触点先_____，常闭触点后_____	
6	检测常闭触点的好坏	将万用表置于_____挡。经检测，常态时，常闭触点的阻值约为_____；压下行程开关后，阻值为_____，常闭触点质量_____（合格或不合格）	
7	检测常开触点的好坏	将万用表置于_____挡。经检测，常态时，常开触点的阻值约为_____；压下行程开关后，阻值为_____，常开触点质量_____（合格或不合格）	

任务评价

请将低压控制电器操作技能训练评分填入表 2.19 中。

表 2.19　低压控制电器操作技能训练评分

序号	项目	评分标准	配分	扣分
1	电器识别	识别错误，每次扣 10 分	30	
2	电器拆装	1）拆卸、组装步骤不正确，每步骤扣 10 分 2）损坏或者丢失零件，每个扣 10 分	40	

序号	项目	评分标准	配分	扣分
3	电器检测	1）检测不正确，每个扣 10 分 2）工具、仪表使用不正确，每次扣 5 分	30	
安全文明操作		违反安全文明操作规程（扣分视具体情况而定）		
开始时间		结束时间　　　　　　　　　　实际时间		
综合评价				
评价人		日期		

立式钻床点动控制电路的安装与维修

在生产实践中，经常要对生产机械进行频繁的通断电操作、远距离控制和自动控制。立式钻床的点动控制是指需要电动机作短时断续工作时，只要按下按钮，电动机得电就启动运转，松开按钮，电动机失电就停止动作的控制。这种用按钮、接触器来控制电动机运转的正转控制电路就是点动控制电路。

⚡ 任务目标

1）能够通过阅读任务导入的内容明确任务要求。

2）能够说出三相笼型异步电动机点动控制电路的工作原理和操作过程。

3）能够列出三相笼型异步电动机点动控制电路的元器件清单。

4）能够安装和调试三相笼型异步电动机点动控制电路。

5）能够用仪表、工具检测电路安装的正确性，并按照安全操作规程正确通电运行。

6）能够用仪表、工具对三相笼型异步电动机点动控制电路进行检测和故障分析，并且能够独立排除故障。

工作情景

在企业的生产车间里一般都会安装一台小型的立式钻床。一天，小明的师傅接到一张机械设备维修单，被告知车间的小型立式钻床的点动控制操作出现问题，当脚踏板踩下去的时候，钻床未能立即开始工作。师傅带着小明前往车间，让小明尝试独立解决问题。小明拿出工具，开始检测并维修点动控制电路。基本功扎实的小明很快就排除了故障，得到了师傅的赞许。

假如你是小明，在工作中遇到小型立式钻床的电动机点动控制失灵，为解决问题需要掌握哪些知识？应当如何解决这个问题呢？

知识加油站

钻床是指主要用钻头在工件上加工孔（如钻孔、扩孔、铰孔、攻丝、锪孔等）的机床。钻床是机械制造厂和各种修配工厂必不可少的设备。钻床的特点是工件固定不动，刀具做旋转运动，并沿主轴方向进给，进给操作可以是手动，也可以是机动。

钻床根据结构和用途主要分为以下几类。

1) 小型立式钻床（图 3.1）：工作台和主轴箱可以在立柱上垂直移动，用于加工中小型工件。

2) 台式钻床：最大钻孔直径为 12～15mm，安装在钳工台上使用，多为手动进给，常用来加工小型工件的小孔等。

3) 摇臂钻床：主轴箱能够在摇臂上移动，摇臂能够回转和升降，工件固定不动，适用于加工大而重且多孔的工件，被广泛应用于机械制造中。

图 3.1　小型立式钻床

相关知识

一、电气控制系统图

电气控制系统是由若干元器件按照一定要求连接而成的，用于实现对电力拖动系统的启动、反向、制动和调速控制及相应的保护功能。为了便于对电气控制系统进行分析设计、安装调试和使用维修，需要将电气控制系统中的元器件及其连接关系用一定的图形表示出来，这种图形就是电气控制系统图。

（一）电气控制系统图中元器件的图形符号和文字符号

在电气控制系统图中，元器件必须使用国家统一规定的图形符号和文字符号。常见元器件图形符号和文字符号见表 3.1。

表 3.1　常见元器件图形符号和文字符号一览表

类别	名称	图形符号	文字符号	类别	名称	图形符号	文字符号
开关	手动操作开关		SA	行程开关	带常开触点的位置开关		SQ
	三相隔离开关		QS		带常闭触点的位置开关		SQ
	三相负荷开关		QS		复合触点		SQ
	组合开关		QS	热继电器	热元件		FR
	低压断路器		QF		常闭触点		FR

类别	名称	图形符号	文字符号	类别	名称	图形符号	文字符号
接触器	线圈操作器件		KM	按钮	常开按钮		SB
	常开主触点		KM		常闭按钮		SB
	辅助常开触点		KM		复合按钮		SB
	辅助常闭触点		KM		急停按钮		SB
时间继电器	缓慢吸合线圈		KT		钥匙操作式按钮		SB
	缓慢释放线圈		KT	中间继电器	线圈		KA
	瞬时闭合的常开触点		KT		常开触点		KA
	瞬时断开的常闭触点		KT		常闭触点		KA
	延时闭合的常开触点		KT	电流继电器	过电流线圈		KA
	延时断开的常闭触点		KT		欠电流线圈		KA
	延时闭合的常闭触点		KT	电压继电器	零压线圈		KV
	延时断开的常开触点		KT		欠压线圈		KV

续表

类别	名称	图形符号	文字符号	类别	名称	图形符号	文字符号
电磁操作	电磁铁的一般符号		YA	电动机	三相笼型异步电动机		M
	电磁吸盘		YH		三相绕线转子异步电动机		M
	电磁离合器		YC		直流并励电动机		M
	电磁制动器		YB		直流串励电动机		M
	电磁阀		YV	熔断器	熔断器		FU
非电量控制的继电器	速度继电器常开触点		KS	变压器	双绕组变压器		TC
	压力继电器常开触点		KP		星形-三角形联结三相变压器		TM
发电机	发电机		G	互感器	电压互感器		TV
	电磁式直流测速发电机		TG		电流互感器		TA
接插器	插头和插座		插座 XS 插头 XP		电抗器		L

（二）电气控制系统图分类

常用的电气控制系统图可分为电气系统图或框图、电路原理图、电器布置图和电气安装接线图。

1. 电气系统图或框图

电气系统图或框图是用符号或带注释的框概略地表示系统或分系统的基本组成、相互关系及其主要特征的一种电气简图，是依据系统或分系统的功能层次绘制的。电气系统图或框图不仅是绘制电气原理图的基础，还是操作和维修电气设备不可缺少的文件。

2. 电路原理图

电路原理图是用于详细表示各元器件或电气设备的基本组成和连接关系的一种电路图。它是在电气系统图或框图的基础上采用元器件展开形式绘制的，表明所有元器件的导电部件和接线端点之间的相互关系，但并不是按照各元器件的实际位置和实际接线情况绘制的。电路原理图是绘制电气安装接线图的依据。

电路原理图绘制原则如下。

1）电路原理图一般分为主电路和辅助电路两部分。主电路是电气控制线路中强电流通过的部分。主电路中三相电路导线按照三相相序从上到下或从左到右排列，中性线应当绘制在相线的下方或右方，并用 L1、L2、L3 及 N 标记。辅助电路包括控制电路、照明电路、信号电路和保护电路，是电气控制线路中小电流通过的部分，一般用细实线绘制。通常将主电路绘制在控制电路的上方或左方。

2）无论是主电路还是辅助电路，各元器件一般应当按照动作顺序从上到下、从左到右依次排列，整个电路可以采用水平布置或垂直布置。电气原理图中所有元器件的触点均按照没有通电或者不受外力作用时的断开或闭合状态绘制。

3）同一个元器件的各个部件（如接触器的线圈和触点）分别绘制在各自所属的电路中。为便于识别，同一个元器件的各个部件均编以相同的文字符号。

4）在同一张电路原理图中，当作用相同的元器件有若干个时，可以在文字符号后加注数字序号加以区分。

5）在电路原理图中，有直接电联系的十字交叉导线连接点必须用黑圆点表示。

3. 电器布置图

电器布置图用于表明电气设备上所有电机、元器件的实际位置，为生产机械电气控制设备的制造、安装和维修提供必要的资料。例如，机床电器布置图主要由机床电气设备布置图、控制柜及控制板电气设备布置图、操纵台电气设备布置图等组成。

4. 电气安装接线图

电气安装接线图是根据电气设备和元器件的实际位置和安装情况绘制的实际接线图。电气安装接线图是配线施工和检查维修电气设备不可缺少的技术资料，主要有单元接线图、互连接线图和端子接线图等。电器布置图和电气安装接线图中各元器件的符号应当与电气原理图中各元器件的符号保持一致。

二、电动机点动控制电路

点动控制适用于电动机短时间的启动操作。点动控制是指按下按钮，电动机得电运转；松开按钮，电动机失电停转的控制方式。例如，钻头在实际加工工件时需要逐步进给，这就用到点动控制。点动控制电路是指用按钮、接触器来控制电动机正常运转的最简单的正转控制电路。

点动控制电路是由组合开关 QS、熔断器 FU、按钮 SB、交流接触器 KM 及电动机 M 组成的。其中，组合开关 QS 作电源隔离开关，熔断器 FU 作短路保护，按钮 SB 控制交流接触器 KM 的线圈得电或失电，交流接触器 KM 的主触点控制电动机 M 启动与停止。

在分析各种控制电路原理图时，为了简单明了，通常用电器的文字符号和箭头配以少量文字说明来表示电路的工作原理。

（一）点动控制电路的基本知识

点动控制电路原理图如图 3.2 所示。点动控制电路分为主电路和控制电路两部分。

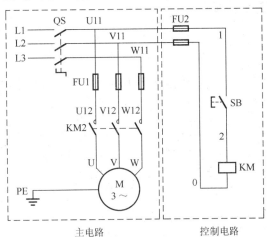

图 3.2　点动控制电路原理图

（二）点动控制电路的工作原理

电动机点动控制电路的工作原理和操作过程见表 3.2。

表 3.2　点动控制电路的工作原理和操作过程

序号	操作动作	元器件动作现象		备注
1	合上 QS（L1-U11）			
2	按下 SB（1-2）	→KM 线圈（2-0）得电吸合	→KM 主触点（U12-U）闭合	电动机 M 启动
3	松开 SB（1-2）	→KM 线圈（2-0）失电释放	→KM 主触点（U12-U）断开	电动机 M 停转
4	断开 QS（L1-U11）			

（三）点动控制电路元器件明细表

点动控制电路元器件明细表见表 3.3。

表 3.3   点动控制电路元器件明细表

序号	元器件名称	数量
1	电源指示灯	3
2	刀开关	1
3	熔断器	5
4	交流接触器	1
5	三相笼型异步电动机	1
6	按钮	1
7	主电路导线（黄、绿、红）	若干
8	控制电路导线（黑）	若干
9	接地线（黄绿线）	若干

（四）点动控制电路的安装

1. 固定元器件

选择合适的元器件并将其安装固定在控制板上。要求元器件安装牢固，并且符合工艺要求，按钮可以安装在控制板之外。点动控制电路元器件布局图如图 3.3 所示。

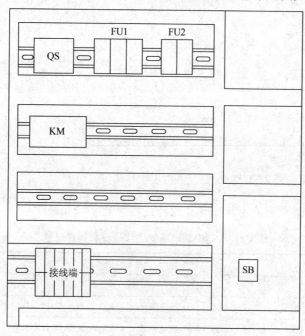

图 3.3   点动控制电路元器件布局图

2. 安装主电路

根据电动机容量选择主电路导线，按照点动控制电路原理图（图3.2）接好主电路。

3. 安装控制电路

根据电动机容量选择控制电路导线，按照点动控制电路原理图（图 3.2）接好控制电路。

4. 点动控制电路安装的注意事项

1）接线时，必须先接负载端，后接电源端；先接接地线，后接三相电源相线。
2）走线要集中，减少架空和交叉，做到横平、竖直、转弯成直角。
3）每个接线端最多只能接两根线。
4）接线点要牢靠，不得松动，不得压绝缘层，无反圈、露铜过长等现象。
5）电动机和按钮的金属外壳必须可靠接地。

（五）电动机安装和自检

1）电动机绕组接成星形联结或三角形联结。
2）安装电动机和按钮的金属外壳上的保护接地线。
3）连接电源、电动机和控制板外部的导线。
4）自检。
① 观察导线接线点是否符合要求，压线是否牢固可靠，同时注意触点是否接触良好，以避免带负载运转时产生闪弧现象。
② 用万用表检测电路的通断情况。一般选用万用表"R×100Ω"挡检测，断开 QS。

[检测主电路]　取下 FU2 的熔体，切断控制电路，检测电源各相通路。将万用表的两支表笔分别搭接在 U11-V11、V11-W11 和 W11-U11 端子上，测量三相电源之间的电阻值。未操作前，测得电阻值为∞，即电路为断路；按下 KM 的触点架，应当测得电动机一相绕组的直流电阻值。

[检测控制电路]　装好 FU2 的熔体，将万用表两支表笔搭接在 FU2 两端，测得电阻值为∞，即电路为断路。按住 SB，应当测得 KM 线圈的直流电阻值；松开 SB，电路应当断路。

安装完毕的控制电路板必须经过认真检测后才允许通电试车，以避免错接、漏接造成不能正常运转或短路事故。

（六）通电试车

通电试车分为空操作（不接电动机）试车和带负载（接电动机）试车两个环节。

1. 空操作试验

合上 QS，按住 SB，KM 线圈得电吸合，观察是否符合电路功能要求，元器件的动作是否灵活，有无卡阻及噪声过大等现象。松开 SB，KM 线圈应当失电释放，电动机停止运转。

2. 带负载试车

断开 QS，接好电动机的连接线，合上 QS，观察电动机能否正常运转。

若在试车过程中发现异常现象，不能立即对电路接线是否正确进行带电检查，应当立即断电停车，并记录故障现象，及时排除故障。待故障排除后再次通电试车，直到空操作试车成功为止。然后再进行带负载试车，观察电动机的工作状况。

3. 通电试车的注意事项

1）未经教师允许，严禁私自通电试车。

2）严格遵守实习场地各项规章制度。

3）通电状态下，学生应当用单手进行操作，两脚要站在绝缘垫上。

4）通电完毕后，一定要先切断电源，人员方可离开通电现场。

5）通电现场要保持干净，没有杂乱导线和水。

（七）故障排除

电动机点动控制电路故障分析见表 3.4。

表 3.4　点动控制电路故障分析表

故障现象	故障原因	检测方法
按下 SB 后，KM 线圈不吸合，电动机不能启动	① 电源电路故障。 刀开关故障、电源连接导线故障。 ② 控制电路故障。 FU2 故障、1 号线断路、SB 常开触点故障、2 号线断路、KM 线圈故障 	电源电路检测：合上 QS，用万用表 500V 交流电压挡分别测量开关下端点 U11-V11、V11-W11、U11-W11 之间的电压，观察是否正常。若电压正常，则故障点在控制电路；若电压不正常，则检测电源的输入端电压。若输入端电压正常，则故障点在转换开关；若输入端电压不正常，则故障点在电源。 控制电路检测：合上 QS，用测电笔逐点顺序检测是否有电，故障点在有电点和无电点之间
控制电路正常，电动机不能启动且有嗡嗡声	① 电源缺相。 ② 电动机定子绕组断路或绕组匝间短路。 ③ 定子、转子气隙中灰尘、油泥过多，将转子抱住。 ④ KM 主触点接触不良，使电动机单相运行。 ⑤ 轴承损坏、转子扫膛	主电路的检测方法参看[检测主电路] 电动机的检测：用钳形电流表测量电动机三相电流是否平衡。断开 QS，可用万用表电阻挡测量电动机定子绕组是否断路

续表

故障现象	故障原因	检测方法
电动机加负载后转速明显下降	① 电动机运行中电源缺一相。 ② 转子笼条断裂	电阻测量法 SB 检测：断开 QS，用万用表的电阻挡，将两支表笔分别搭接在 SB 的上、下端点，按下 SB，检测通断情况。 KM 主触点检测：断开 QS，用万用表的电阻挡，将两支表笔分别搭接在 KM 的上、下端点，检测通断情况

（八）结束

通电试车完毕，电动机停转，切断电源。先拆除三相电源线，再拆除电动机负载线。

任务实施

讨论

1）小型立式钻床的用途是什么？它的基本构造是什么？

2）查找资料并简单描述什么是点动控制？点动控制一般适用于什么场合？

3）试说明低压控制电器中的按钮和交流接触器的作用是什么？简述按钮和交流接触器的工作原理。按钮内部结构图如图 3.4 所示。交流接触器内部结构图如图 3.5 所示。

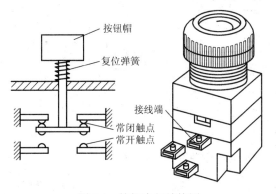

图 3.4　按钮内部结构图

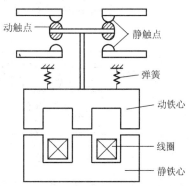

图 3.5　交流接触器内部结构图

计划

1）请与你的小组成员讨论，将小型立式钻床上的电动机点动控制电路的回路图（图 3.6）补充完整。

2）请与你的小组成员讨论，对补充完整的电动机点动控制电路进行工作原理分析，并采用流程图的形式进行记录。

3）在点动控制电路模拟接线图（图 3.7）上用导线将元器件连接起来，注意区分常开触点和常闭触点。

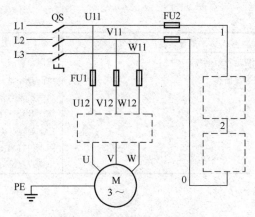

图 3.6　点动控制电路回路图

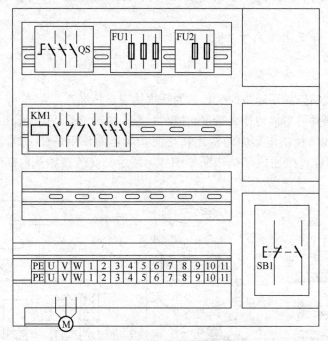

图 3.7　点动控制电路模拟接线图

4）根据小型立式钻床电动机点动控制的要求选择需要的元器件，并将正确的元器件名称和符号填入表 3.5 中。

表 3.5　点动控制电路元器件表

序号	名称	符号	型号及规格	数量	作用
1					
2					
3					
4					
5					

续表

序号	名称	符号	型号及规格	数量	作用
6					
7					
8					

🍀 准备

根据实训的内容和要求选择合适的工具。点动控制电路工具清单见表 3.6。

表 3.6　点动控制电路工具清单

序号	名称		需要（√或×）
1	电工常用基本工具	十字螺丝刀	
2		一字螺丝刀	
3		尖嘴钳	
4		斜口钳	
5		剥线钳	
6		压线钳	
7		镊子	
8		验电笔	
9	万用表	数字万用表	
10		指针式万用表	

🍀 操作

在实训台上装接电动机点动控制电路，并完成功能检测与调试。

（1）安装

1）按照点动控制电路模拟接线图（图 3.7）完成装接，并将工作步骤、注意事项和工具等内容按照要求填入表 3.7 中。

表 3.7　点动控制电路安装工作表

序号	工作步骤	注意事项	工具
1			
2			
3			
4			
5			

续表

序号	工作步骤	注意事项	工具
6			
7			
8			

2）注意事项。

① 硬线只能用在固定安装的不动部件之间，其余场合应当采用软线。三相电源线分别用黄、绿、红三色来区分，中心线用黑色线，PE 线用黄绿双色线。用不同颜色的导线来区分主电路与控制电路，便于排查故障。

② 接线时，必须先接负载端，后接电源端；先接接地线，后接三相电源相线。

（2）检测

1）观察设备的组成部分。目视检查每个检测点是否存在缺陷，并将检查结果填入表 3.8 中。

表 3.8　点动控制电路检测表 1

序号	检测点	符合（√或×）
1	操作设备安装（空间布置合理）	
2	操作设备的标记（完整、可读）	
3	防接触保护（手指接触安全）	
4	电缆接口（绝缘、端子、保护导体）	
5	过电流选择装置（选择、设置）	
6	导线的选择（颜色）	

2）功能检测。根据点动控制电路的工作原理，断开 QS，分别按下按钮和接触器，记录万用表测量的数值，并将理论值与测量值进行对比分析，检测点动控制电路通断情况。正确记录操作过程，并按照要求完成表 3.9 的填写。

表 3.9　点动控制电路检测表 2

测量过程			正确阻值	测量结果	符合（√或×）
测量任务	总工序	操作方法			
测量点动控制电路	断开 QS，装好 FU2 的熔体，将万用表置于" R×100Ω "挡或"R×1kΩ"挡，进行欧姆调零后，将万用表的两支表笔分别搭接在FU2 两端,测量控制电路的电阻值	① 未操作任何电器	∞		
		② 按住 SB	∞→（　　）		
		③ 松开 SB	（　　）→∞		
		④			
		⑤			
		⑥			
		⑦			

3）主电路的电压测量。用万用表进行各点间电压数值的测量，并将测量结果填入表 3.10 中。

表 3.10 点动控制电路检测表 3

序号	测量点 1	测量点 2	测量电压	理论值
1	PE	L1		
2	PE	L2		
3	PE	L3		
4	L1	L2		
5	L1	L3		
6	L2	L3		

（3）调试

在教师的指导下正确填写实践操作过程，依据点动控制电路的工作原理和操作过程（表 3.2）完成表 3.11 中元器件动作现象的填写，并在点动控制电路通电后认真观察，将观察到的现象记录于表 3.11 中。

表 3.11 点动控制电路调试表

序号	操作内容	元器件动作现象	观察到的现象	符合（√或×）
1				
2				
3				
4				
5				
6				
7				

（4）故障分析

针对设置的故障现象，与小组成员分析讨论故障产生的原因，与教师沟通交流表达自己的想法，并将点动控制电路故障分析结果填入表 3.12 中。

表 3.12   点动控制电路故障分析表

序号	检修步骤	过程记录
1	观察到的故障现象	合上 QS，电源指示灯不亮
	分析故障产生的原因	
	确定故障范围，找到故障点	
2	观察到的故障现象	按下 SB，KM 线圈不吸合，电动机无任何动作
	分析故障产生的原因	
	确定故障范围，找到故障点	
3	观察到的故障现象	按下 SB，KM 线圈吸合，电动机无任何动作
	分析故障产生的原因	
	确定故障范围，找到故障点	

填写维修工作任务验收单（表 3.13）。

表 3.13   维修工作任务验收单

报修部门		报修时间	
设备名称		设备型号/编号	
报修人		联系电话	
质量评价			
验收意见			
验收人		日期	年　月　日
维修人		日期	年　月　日

任务评价

对学生的学习情况进行综合评价。点动控制电路评价表见表 3.14。

表 3.14   点动控制电路评价表

任务流程	评价标准	配分	任务评价	教师评价
正确绘制电路图，并讲述工作原理	补全电路图，实现所要求的功能；元器件图形和符号标准	10		

续表

任务流程	评价标准	配分	任务评价	教师评价
安装元器件	选择正确的元器件；元器件布局合理；安装正确、牢固	15		
布线	布线横平竖直；导线颜色按照标准选择；接线点无松动、露铜过长、压绝缘层、反圈等现象	25		
熟悉自检方法和要求，用万用表对电路进行检测	正确使用万用表对电源、元器件、导线、电路进行检测	10		
通电试车	在教师的监督下，安全通电试车一次成功	30		
能够对设置的故障进行分析和排除	能够分析故障产生的原因；能够用万用表测定实际故障点；排除故障点	10		
安全文明生产	违反安全文明操作规程（扣分视具体情况而定）			

镗床主轴点动与连续运行控制电路的安装与维修

点动控制电路的特点是按下按钮，电动机得电启动运转，松开按钮，电动机失电直至停转。因此，点动控制电路对于拖动生产机械的电动机的短时间控制十分有效。但实际生产中若手动进行点动控制，操作人员的一只手就必须始终按在按钮上，劳动强度增大，因此控制生产机械连续运行是极其有必要的。镗床主轴控制电路既需要点动运行，又需要连续运行；电动机既可以点动控制，又可以连续运行控制，具有短路、过载、失电压和欠电压等保护功能。

任务目标

1）能够通过阅读任务导入的内容明确任务要求。
2）能够说出三相笼型异步电动机点动与连续运行控制电路的工作原理和操作过程。
3）能够列出三相笼型异步电动机点动与连续运行控制电路的元器件清单。
4）能够安装和调试三相笼型异步电动机点动与连续运行控制电路。
5）能够用仪表、工具检测电路安装的正确性，并按照安全操作规程正确通电运行。
6）能够用仪表、工具对三相笼型异步电动机点动与连续运行控制电路进行检测和故障分析，并且能够独立排除故障。

工作情景

小明顺利地完成了他在企业的第一个维修任务，师傅对他大为赞许，他感到很开心，工作上也更加积极。一天，单位购进一台旧的镗床设备，该设备由于使用时间较长，镗床主轴电动机点动和连续运行控制电路部分绝缘老化，需要对电路进行检修并重新安装。师傅接到镗床设备检修任务后认为这又是小明学习的机会，于是将该任务交给了小明。

假如你是小明，你能够顺利完成对镗床主轴电动机点动和连续运行控制电路进行重新连接的任务吗？你应当掌握哪些必要的知识点呢？

知识加油站

T68 型卧式镗床外形如图 4.1 所示，结构图如图 4.2 所示。T68 型卧式镗床主要由床身、前后立柱、镗头架、导轨、工作台和尾架等部分组成。在床身的一端固定有前立柱，在前立柱的垂直导轨上装有镗头架，镗头架可以沿着导轨垂直移动。镗头架中装有主轴部件、主轴变速箱、进给箱和操纵机构等部件。刀具固定在镗轴前端的锥形孔里，或者安装在花盘的刀具溜板上。在床身的另一端装有后立柱，后立柱可以沿着床身导轨做纵向的左右移动。后立柱的垂直导轨上安装有尾架，用于支承镗杆的末端，尾架随镗头架同时升降，保证两者的轴心在同一条直线上。下溜板可以沿着床身中部的导轨做纵向的左右移动，上溜板可以沿着下溜板上的导轨做横向的前后移动，工作台相对于上溜板可以做回转运动。

图 4.1　T68 型卧式镗床

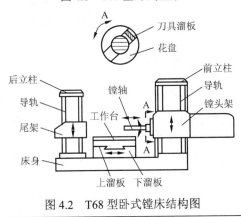

图 4.2　T68 型卧式镗床结构图

⚡ 相关知识

一、点动与连续运行控制电路

（一）点动与连续运行控制电路的基本知识

机床设备在正常工作时，一般需要电动机处于连续运转状态；机床设备在试车或者调整刀具与工件的相对位置时，又需要电动机能够点动控制。能够实现这种功能要求的电路是连续运行与点动混合控制的启动控制电路。

在接触器自锁启动控制电路的基础上，将手动开关 SA 串联在接触器的自锁电路中，通过 SA 的闭合或断开，来控制接触器的自锁与否，从而实现电动机与连续运行混合点动控制。

在按钮自锁启动控制电路的基础上，增加一个点动按钮，就可以实现连续运行与点动混合启动控制。

点动与连续运行控制电路原理图如图 4.3 所示。点动与连续运行控制电路分为主电路和控制电路两部分。

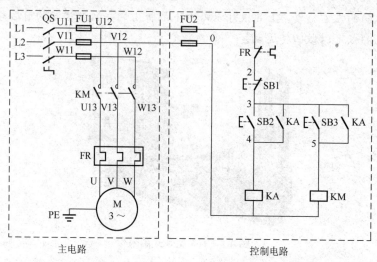

图 4.3　点动与连续运行控制电路原理图

（二）点动与连续运行控制电路的工作原理

电动机点动与连续运行控制电路的工作原理和操作过程见表 4.1。

表 4.1　点动与连续运行控制电路的工作原理和操作过程

序号	操作动作	元器件动作现象		备注
1	合上 QS（L1-U11）			
2	按住 SB3（3-5）	→KM 线圈（5-0）得电吸合	→KM 主触点（U12-U13）闭合	电动机 M 点动运行
	松开 SB3（3-5）	→KM 线圈（5-0）失电释放	→KM 主触点（U12-U13）断开	电动机 M 停止运行
3	按下 SB2（3-4）	→KA 线圈（4-0）得电吸合	→KA 辅助触点（3-5）闭合→接触器 KM（5-0）线圈得电吸合→KM 主触点（U12-U13）闭合	电动机 M 连续运行
			→KA 辅助触点（3-4）闭合→按钮 SB2（3-4）自锁	
	按下 SB1（2-3）	→KM 线圈（4-0）失电释放	→KM 主触点（U12-U13）断开	电动机 M 断电停止运行
4	断开 QS（L1-U11）			

（三）点动与连续运行控制电路元器件明细表

电动机点动与连续运行控制电路元器件明细表见表 4.2。

表 4.2　点动与连续运行控制电路元器件明细表

序号	元器件名称	数量
1	电源指示灯	3
2	刀开关	1
3	熔断器	5
4	交流接触器	1
5	三相热继电器	1
6	三相中间继电器	1
7	三相笼型异步电动机	1
8	按钮	3
9	主电路导线（黄、绿、红）	若干
10	控制电路导线（黑）	若干
11	接地线（黄绿线）	若干

（四）点动与连续运行控制电路的安装

1. 固定元器件

选择合适的元器件并将其安装固定在控制板上。要求元器件安装牢固，并且符合工艺要求，按钮可以安装在控制板之外。点动与连续运行控制电路元器件布局图如图4.4所示。

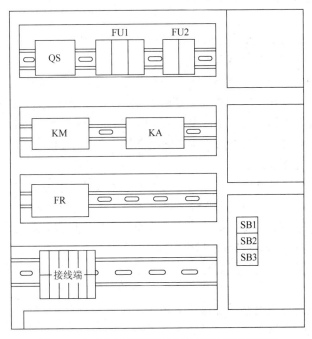

图 4.4　点动与连续运行控制电路元器件布局图

2. 安装主电路

根据电动机容量选择主电路导线，按照点动与连续运行控制电路原理图（图 4.3）接好主电路。

3. 安装控制电路

根据电动机容量选择控制电路导线，按照点动与连续运行控制电路原理图（图 4.3）接好控制电路。

4. 点动与连续运行控制电路安装的注意事项

1）接线时，必须先接负载端，后接电源端；先接接地线，后接三相电源相线。
2）走线要集中，减少架空和交叉，做到横平、竖直、转弯成直角。
3）每个接线端最多只能接两根线。
4）接线点要牢靠，不得松动，不得压绝缘层，无反圈、露铜过长等现象。
5）电动机和按钮的金属外壳必须可靠接地。

（五）电动机安装和自检

1）电动机绕组接成星形联结或三角形联结。
2）安装电动机和按钮的金属外壳上的保护接地线。
3）连接电源、电动机和控制板外部的导线。
4）自检。

① 观察导线接线点是否符合要求，压线是否牢固可靠，同时注意触点是否接触良好，以避免带负载运转时产生闪弧现象。

② 用万用表检测电路的通断情况。一般选用万用表"R×100Ω"挡检测，断开 QS。

[检测主电路] 取下 FU2 的熔体，切断控制电路，检测电源各相通路。将万用表的两支表笔分别搭接在 U11-V11、V11-W11 和 W11-U11 端子上，测量三相电源之间的电阻值。未操作前，测得电阻值为∞，即电路为断路；按下 KM 的触点架，应当测得电动机一相绕组的直流电阻值。

[检测控制电路] 装好 FU2 的熔体，将万用表两支表笔搭接在 FU2 两端，测得电阻值为∞，即电路为断路。按下 SB2 或 SB3，应当测得 KA 线圈或 KM 线圈的直流电阻值。

[检测自锁电路] 按下 KA 触点架，应当测得 KA 线圈和 KM 线圈并联的电阻值。

[检测停车控制] 在按下 SB2、SB3 或者按下 KM、KA 的触点架并测得 KM 线圈和 KA 线圈的直流电阻值之后，若同时按下停车按钮 SB1，则测得电阻值为∞，即电路由通到断。

安装完毕的控制电路板必须经过认真检测后才允许通电试车，以避免错接、漏接造成不能正常运转或短路事故。

（六）通电试车

通电试车分为空操作（不接电动机）试车和带负载（接电动机）试车两个环节。

1. 空操作试验

合上 QS，按下 SB2，KA 线圈得电吸合，使 KM 线圈得电吸合，观察是否符合电路功能要求，元器件的动作是否灵活，有无卡阻及噪声过大等现象；按下 SB3，KM 线圈得电吸合，观察是否符合电路功能要求，元器件的动作是否灵活，有无卡阻及噪声过大等现象。按下 SB1，KM 线圈应当失电释放，电动机停止运转。

2. 带负载试车

断开 QS，接好电动机的连接线，合上 QS，观察电动机能否正常运转。

若在试车过程中发现异常现象，不能立即对电路接线是否正确进行带电检查，应当立即断电停车，并记录故障现象，及时排除故障。待故障排除后再次通电试车，直到空操作试车成功为止。然后再进行带负载试车，观察电动机的工作状况。

3. 通电试车的注意事项

1）未经教师允许，严禁私自通电试车。
2）严格遵守实习场地各项规章制度。
3）通电状态下，学生应当用单手进行操作，两脚要站在绝缘垫上。
4）通电完毕后，一定要先切断电源，人员方可离开通电现场。
5）通电现场要保持干净，没有杂乱导线和水。

（七）故障排除

电动机点动与连续运行控制电路故障分析表见表 4.3。

表 4.3　点动与连续运行控制电路故障分析表

故障现象	故障原因	检测方法
按下 SB2 后，KA 线圈不吸合，电动机不能连续运行	① 电源电路故障。 刀开关故障、电源连接导线故障。 ② 控制电路故障。 电路中存在断路或元器件故障 	电源电路检测：合上 QS，用万用表 500V 交流电压挡分别测量开关下端点 U11-V11、V11-W11、U11-W11 之间的电压，观察是否正常。若电压正常，则故障点在控制电路；若电压不正常，则检测电源的输入端电压。若输入端电压正常，则故障点在转换开关；若输入端电压不正常，则故障点在电源。 控制电路检测：合上电源，用测电笔逐点顺序检测是否有电，故障点在有电点和无电点之间

续表

故障现象	故障原因	检测方法
按下 SB3 后，KM 线圈不吸合，电动机不能点动运行	① 电源电路故障。 刀开关故障、电源连接导线故障。 ② 控制电路故障。 电路中存在断路或元器件故障 E-\ SB3 5 KM	电源电路检测：合上 QS，用万用表 500V 交流电压挡分别测量开关下端点 U11-V11、V11-W11、U11-W11 之间的电压，观察是否正常。若电压正常，则故障点在控制电路；若电压不正常，则检测电源的输入端电压。若输入端电压正常，则故障点在转换开关；若输入端电压不正常，则故障点在电源。 控制电路检测：合上 QS，用测电笔逐点顺序检测是否有电，故障点在有电点和无电点之间
控制电路正常，电动机不能启动且有嗡嗡声	① 电源缺相。 ② 电动机定子绕组断路或绕组匝间短路。 ③ 定子、转子气隙中灰尘、油泥过多，将转子抱住。 ④ 接触器主触点接触不良，使电动机单相运行。 ⑤ 轴承损坏、转子扫膛	主电路的检测方法参看[检测主电路] 电动机的检测：用钳形电流表测量电动机三相电流是否平衡。断开 QS，用万用表电阻挡测量绕组是否断路
电动机加负载后转速明显下降	① 电动机运行中电源缺一相。 ② 转子笼条断裂	电阻测量法 SB1 检测：断开 QS，用万用表的电阻挡，将万用表的两支表笔分别搭接在 SB1 的上、下端点，按下 SB1，检测通断情况。 接触器主触点检测：断开 QS，用万用表的电阻挡，将万用表的两支表笔分别搭接在 KM 的上、下端点，检测通断情况

（八）结束

通电试车完毕，电动机停转，切断电源。先拆除三相电源线，再拆除电动机负载线。

二、故障检测方法

机床电气设备故障虽然由于机床种类的不同而各有不同的特点，但是一般可以运用电气故障常用的检修方法进行检修。

（一）电气故障检修的一般步骤

1. 检修前的故障检查

当电气设备发生故障之后，一定不要盲目地动手检修。在检修前，通过"看、问、听、闻、摸"来了解故障前的操作情况和故障发生后出现的异常现象，以便根据故障现象判断故障发生的部位，进而准确地排除故障。

2. 确定故障范围

根据电气设备的工作原理和故障现象，采用逻辑分析法并结合外观检查法、通电试验法等来确定故障可能发生的范围。

3. 查找故障点

选择合适的检修方法查找故障点。电气故障常用的检修方法有直观法、电阻测量法、电压测量法、短接法等。在实际检修的过程中，要灵活地综合运用上述方法。查找故障点必须在确定的故障范围内，顺着检修思路逐点检查，反复验证，直到找出故障点。

4. 排除故障

针对不同故障点相应采取正确的故障修复方法。在更换元器件时要注意尽量使用相同规格、相同型号的元器件，并进行性能检测，确认性能完好后方可替换。在故障排除的过程中，还要注意周围元器件的连接状态、导线的松紧情况等，严禁扩大故障范围或产生新的故障。

5. 通电试运行

故障修复之后，应当重新通电试运行，检查生产机械的各项操作是否符合技术要求。

（二）查找故障点的常用方法

检修过程的重点是判断故障范围和确定故障点。电阻测量法和电压测量法是电气故障检修工作中确定故障点的行之有效的检查方法。

1. 电阻测量法

在机床电气故障检修过程中，经常运用电阻测量的方法检测和判断电气故障点。常用的电阻测量方法有电阻分阶测量法与电阻分段测量法。可以根据电气故障类型、现场环境条件等灵活地采用这两种电阻测量法。无论采用何种电阻测量法，都必须在断电的情况下进行。

电阻测量法的优点是安全，缺点是当测量电阻值不准确时容易产生误判断，因而其快速性和准确性差。

（1）电阻分阶测量法

电阻分阶测量法是指切断电源后，按住启动按钮不放，用万用表的"R×100Ω"挡，依次测量两点间的电阻值，将电阻的测量值与理论值对比分析，进行电路故障检测。电阻分阶测量法示意图如图 4.5 所示。

用电阻分阶测量法检测和判断电动机正反转控制电路中正转控制回路的故障点。若故障现象为"闭合 QF2，按下启动按钮 SB3，KM1 线圈不得电"，则按照表 4.4 进行故障检查分析。

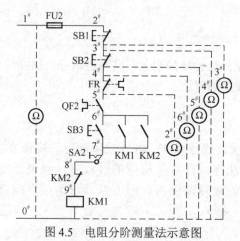

图 4.5　电阻分阶测量法示意图

表 4.4　电阻分阶测量法检查故障分析表

故障现象	测量状态	测量点标号	测量电阻值	故障分析
闭合 QF2，按下启动按钮 SB3，KM1 线圈不得电	按下 SB3 或者按下 KM1 触点架	（1）1#—0#	∞	1#—0#有断路故障
		（2）5#—0#	40Ω	可以确定故障范围在 1#—5#之间
		（3）3#—5#	∞	可以确定故障范围在 3#—5#之间
		（4）4#—0#	∞	3#连接线 SB1—SB2 无断路
		（5）4#—0#	∞	SB2 触点良好无断路
		（6）5#—0#	40Ω	4#连接线 SB2—FR 断路
实际故障点			SB2—FR 的连接断开	

（2）电阻分段测量法

电阻分段测量法是指切断电源后，用万用表的"R×1Ω"挡，依次分段测量相邻两标号点之间的电阻值，进行电路故障检测。电阻分段测量法通常用于故障点判定后的复查确认。

电阻分段测量时，必须断电、验电并确认无电后操作。若测得两点间的电阻值为 0Ω，则表明电路是通路或短路；若测得两点间的电阻值为∞，则可认为电路是断路。

电阻分段测量法示意图如图 4.6 所示。用电阻分段测量法检测和判断电动机连续运行控制电路中正转控制回路的故障点。若故障现象为"闭合 QF2，按下启动按钮 SB1，接触器 KM1 线圈不吸合"，则按照表 4.5 进行故障检测。

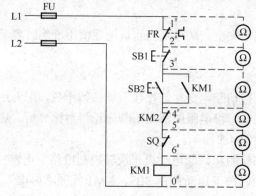

图 4.6　电阻分段测量法示意图

表 4.5　电阻分段测量法检查故障分析表

故障现象	测量状态	测量点标号	测量电阻值	故障分析
闭合 QF2，按下启动按钮 SB1，接触器 KM1 线圈不吸合	按下 SB2 或者按下 KM1 触点架	1#—2#	∞	FR 常闭触点接触不良或者误动作
		2#—3#	∞	SB1 常闭触点接触不良
		3#—4#	∞	SB2 常开触点接触不良
		4#—5#	∞	KM2 常闭触点接触不良
		5#—6#	∞	SQ 常闭触点接触不良
		6#—0#	∞	KM1 线圈断路
实际故障点				KM1 线圈断路

2. 电压测量法

电压测量法可分为电压分阶测量法和电压分段测量法。

（1）电压分阶测量法

电压分阶测量法示意图如图 4.7 所示。用电压分阶测量法检测和判断电动机正反转控制电路中正转控制回路的故障点。若故障现象为"闭合 QF2，按下启动按钮 SB3，KM1 线圈不得电"，则按照表 4.6 进行故障检测。

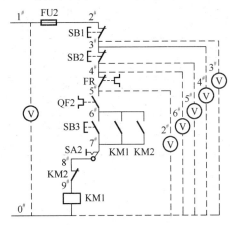

图 4.7　电压分阶测量法示意图

表 4.6　电压分阶测量法检查故障分析表

故障现象	测量状态	测量点标号	测量电压值	故障分析
闭合 QF2，按下启动按钮 SB3，KM1 线圈不得电	按住 SB3 不放	（1）1#—0#	110V	控制电源无故障
		（2）5#—0#	0V	可以确定故障范围在 1#—5# 之间
		（3）3#—0#	110V	可以确定故障范围在 3#—5# 之间
		（4）3#—0#	110V	3#连接线 SB1—SB2 无断路
		（5）4#—0#	110V	SB2 触点良好无断路
		（6）4#—0#	0V	4#连接线 SB2—FR 断路
实际故障点				SB2—FR 的连接断开

（2）电压分段测量法

电压分段测量示意图如图 4.8 所示。用电压分段测量法检测和判断电动机正反转控制电路中正转控制回路的故障点。若故障现象为"闭合 QF2,按下启动按钮 SB3,KM1 线圈不得电",则按照表 4.7 进行故障检测。

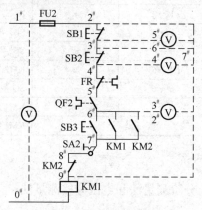

图 4.8 电压分段测量法示意图

表 4.7 电压分段测量法检查故障分析表

故障现象	测量状态	测量点标号	测量电压值	故障分析
闭合 QF2,按下启动按钮 SB3,KM1 线圈不得电	按住 SB3 不放	(1) 1#—0#	110V	控制电源无故障
		(2) 6#—9#	0V	可以确定 6#—9#范围内无断路故障
		(3) 2#—6#	110V	可以确定 2#—6#范围内有断路故障
		(4) 2#—4#	110V	可以确定 2#—4#范围内有断路故障
		(5) 2#—3#	0V	可以确定 2#—3#范围内无断路故障
		(6) 3#线	0V	可以确定 SB1—SB2 的 3#范围内无断路故障
		(7) 3#—4#	110V	可以确定 3#—4#间 SB2 常闭触点断路
实际故障点				SB2 常闭触点断路

⚡ 任务实施

✿ 讨论

1)镗床主轴的用途是什么?大致有几种类型?

2)结合之前所学的知识,指出点动控制电路和连续运行控制电路的区别是什么?查找资料并简单描述电动机点动与连续运行控制电路的连续运行动作过程。

3)标出控制电路(图 4.9)中各个元器件的文字符号,指出各控制电路是否正确,并说明会出现哪些现象。

4)简述交流接触器在控制电路中是如何实现自锁控制的?请用图示简要说明。

✿ 计划

1)请与你的小组成员讨论,将镗床主轴电动机点动与连续运行控制电路的回路图(图 4.10)补充完整。

2)请与你的小组成员讨论,对补充完整的点动与连续运行控制电路进行工作原理分析，并采用流程图的形式进行记录。

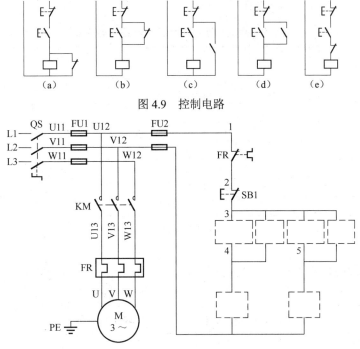

图 4.9　控制电路

图 4.10　点动与连续运行控制电路回路图

3）在点动与连续运行控制模拟接线图（图 4.11）上用导线将元器件连接起来，注意区分常开触点和常闭触点。

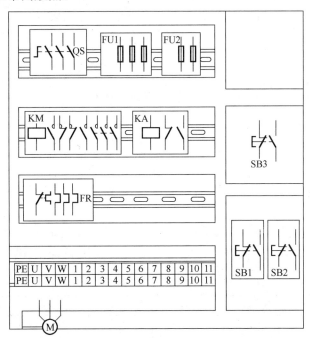

图 4.11　点动与连续运行控制电路模拟接线图

4）根据镗床主轴电动机点动与连续运行控制的要求选择需要的元器件，并将正确的元器件名称和符号填入表 4.8 中。

表 4.8　点动与连续运行控制电路元器件表

序号	名称	符号	型号及规格	数量	作用
1					
2					
3					
4					
5					
6					
7					
8					

准备

根据实训的内容和要求选择合适的工具。主轴电动机点动与连续运行控制电路工具清单见表 4.9。

表 4.9　点动与连续运行控制电路工具清单

序号	名称		需要（√或×）
1	电工常用基本工具	十字螺丝刀	
2		一字螺丝刀	
3		尖嘴钳	
4		斜口钳	
5		剥线钳	
6		压线钳	
7		镊子	
8		验电笔	
9	万用表	数字万用表	
10		指针式万用表	

操作

在实训台上装接电动机点动与连续运行控制电路，并完成功能检测与调试。

（1）安装

1）按照电动机点动与连续运行控制电路模拟接线图（图 4.11）完成点动与连续运行控制电路实际接线，并将工作步骤、注意事项和工具等内容按要求填入表 4.10 中。

表 4.10　点动与连续运行控制电路安装工作表

序号	工作步骤	注意事项	工具
1			

续表

序号	工作步骤	注意事项	工具
2			
3			
4			
5			
6			
7			
8			

2）注意事项。

① 硬线只能用在固定安装的不动部件之间，其余场合应当采用软线。三相电源线分别用黄、绿、红三色来区分，中心线用黑色线，PE 线用黄绿双色线。用不同颜色的导线来区分主电路与控制电路，便于排查故障。

② 接线时，必须先接负载端，后接电源端；先接接地线，后接三相电源相线。

（2）检测

1）观察设备的组成部分。目视检查每个检测点是否存在缺陷，并将检查结果填入表 4.11 中。

表 4.11　点动与连续运行控制电路检测表 1

序号	检测点	符合（√或×）
1	操作设备安装（空间布置合理）	
2	操作设备的标记（完整、可读）	
3	防接触保护（手指接触安全）	
4	电缆接口（绝缘、端子、保护导体）	
5	过电流选择装置（选择、设置）	
6	导线的选择（颜色）	

2）功能检测。根据点动与连续运行控制电路的工作原理，断开 QS，分别按下按钮和接触器，记录万用表的数值，并将理论值与测量值进行对比分析，检测点动与连续运行控制电路通断情况。正确记录操作过程，并按照要求填写表 4.12。

表 4.12   点动与连续运行控制电路检测表 2

| 测量任务 | 测量过程 | | | 正确阻值 | 测量结果 | 符合（√或×） |
	总工序	工序	操作方法			
测量点动与连续运行控制电路	断开 QS，装好 FU2 的熔体，将万用表置于"R×100Ω"挡或"R×1kΩ"挡，进行欧姆调零后，将万用表的两支表笔分别搭接在 FU2 两端，测量控制电路的阻值	1	未操作任何电器	∞		
		2				
		3				
		4				
		5				
		6				
		7				

3）导线的绝缘测量。用万用表进行各点间电压数值的测量，并将测量结果填入表 4.13 中。

表 4.13   点动与连续运行控制电路检测表 3

序号	测量点 1	测量点 2	测量电压	理论值
1	PE	L1		
2	PE	L2		
3	PE	L3		
4	L1	L2		
5	L1	L3		
6	L2	L3		

（3）调试

在教师的指导下正确填写实践操作过程，依据电动机点动与连续运行控制电路的工作原理和操作过程（表 4.1）完成表 4.14 中元器件动作现象的填写，并在点动与连续运行控制电路通电后认真观察，将观察到的现象记录于表 4.14 中。

表 4.14   点动与连续运行控制电路调试表

序号	操作内容	元器件动作现象	观察到的现象	符合（√或×）
1				
2				
3				
4				
5				

续表

序号	操作内容	理论现象	观察到的现象	符合（√或×）
6				
7				
8				

（4）故障分析

针对设置的故障现象，与小组成员分析讨论故障发生的原因，与教师沟通交流表达自己的想法，并将点动与连续运行控制电路故障分析结果填入表 4.15 中。

表 4.15　点动与连续运行控制电路故障分析表

序号	检修步骤	过程记录
1	观察到的故障现象	电动机只能点动运行，不能连续运行
	分析故障产生的原因	
	确定故障范围，找到故障点	
2	观察到的故障现象	电动机不能停止运行
	分析故障产生的原因	
	确定故障范围，找到故障点	
3	观察到的故障现象	电动机只能连续运行，不能点动运行
	分析故障产生的原因	
	确定故障范围，找到故障点	

填写维修工作任务验收单（表 4.16）。

表 4.16　维修工作任务验收单

报修部门		报修时间	
设备名称		设备型号/编号	
报修人		联系电话	
质量评价			

续表

验收意见				
验收人		日期		年　月　日
维修人		日期		年　月　日

⚡ 任务评价

对学生的学习情况进行综合评价。点动与连续运行控制电路评价表见表 4.17。

表 4.17　点动与连续运行控制电路评价表

任务流程	评价标准	配分	任务评价	教师评价
正确绘制电路图，并讲述工作原理	补全电路图，实现所要求的功能；元器件图形和符号标准	10		
安装元器件	选择正确的元器件；元器件布局合理；安装正确、牢固	15		
布线	布线横平竖直；导线颜色按照标准选择；接线点无松动、露铜过长、压绝缘层、反圈等现象	25		
熟悉自检方法和要求，用万用表对电路进行检测	正确使用万用表对电源、元器件、导线、电路进行检测	10		
通电试车	在教师的监督下，安全通电试车一次成功	30		
对设置的故障能够进行分析和排除	能够分析故障产生的原因；能够用万用表测定实际故障点；排除故障点	10		
安全文明生产	违反安全文明操作规程（扣分视具体情况而定）			

通风机接触器自锁正转控制电路的安装与维修

许多生产机械在工作过程中要求其工作机构的运动方向始终保持不变，因此要求拖动生产机械的电动机的转动方向保持不变。例如，通风机的运转过程其实就是电动机接触器自锁正转控制电路的工作过程。按下按钮电动机得电运行，松开按钮后电动机通过接触器自锁不会失电停止运转的控制电路就是电动机接触器自锁正转控制电路。这种控制方式称为接触器自锁正转控制。

⚡任务目标

1）能够通过阅读任务导入的内容明确任务要求。

2）能够说出三相笼型异步电动机接触器自锁正转控制电路的工作原理和操作过程。

3）能够列出三相笼型异步电动机接触器自锁正转控制电路的元器件清单。

4）能够安装和调试三相笼型异步电动机接触器自锁正转控制电路。

5）能够用仪表、工具检测电路安装的正确性，并按照安全操作规程正确通电运行。

6）能够用仪表、工具对三相笼型异步电动机接触器自锁正转控制电路进行检测和故障分析，并且能够独立排除故障。

工作情景

小明顺利地完成了镗床主轴电动机点动与连续运行控制电路的检修任务，并让镗床正常运转起来。师傅在称赞小明的同时，也指出小明填写维修单不够详细，让小明还要多学习。于是，小明常在闲暇时间查阅维修工具书和师傅以前填写的维修单等。一天下午，小明正在学习时，车间的王师傅急匆匆地跑过来，告诉他车间的通风机不知道什么原因从早上开始就停止工作了，车间内的空气变得异常混浊，需要赶紧查找原因。这天恰巧师傅休假，小明独自面对如此紧急的抢修任务有点不知所措，但是看到王师傅着急的样子，他也顾不了许多，拿着工具硬着头皮随王师傅朝车间跑去。

假如你是小明，遇到这样的紧急情况，能够独立完成设备抢修任务吗？

知识加油站

图 5.1　通风机

通风机（图 5.1）是依靠输入的机械能提高气体压力并排送气体的机械。它是一种从动的流体机械，排气压力低于 $1.5×10^4$Pa。现代通风机广泛应用于工厂、矿井、隧道、冷却塔、车辆、船舶和建筑物的通风、排尘和冷却，锅炉和工业炉窑的通风和引风，空气调节设备和家用电器设备中的冷却和通风，谷物的烘干和选送，风洞风源和气垫船的充气和推进等。通风机最主要的作用就是向工作场所输送足够的新鲜空气，稀释和排除有害、有毒气体，调节工作场所需要的风量、湿度和温度，改善劳动条件。

⚡ 相关知识

一、三相异步电动机

三相异步电动机的外形如图 5.2 所示。

（a）三相绕线转子集电环电动机　　　　（b）YZRW 系列三相异步电动机

图 5.2　三相绕线转子异步电动机外形

以三相绕线转子异步电动机为例，其转子接线及图形符号如图 5.3 所示。三相绕线转子异步电动机的转子绕组是用绝缘导线做成线圈嵌入转子槽中，再连接成三相绕组，一般接成星形（Y），然后通过集电环和电刷与外电路的三相可变电阻器相连。

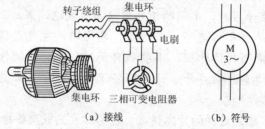

（a）接线　　　　　　　（b）符号

图 5.3　三相绕线转子异步电动机转子接线及图形符号

与直流电动机一样，三相异步电动机也是由静止的定子与转动的转子两大部分组成的。电动机定子与转子之间的空隙称为气隙。三相异步电动机的气隙比其他类型电动机的气隙小，一般为 0.25～2.0mm，气隙的大小对电动机性能的影响很大。三相异步电动机的构件分解图如图 5.4 所示。

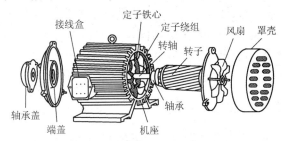

图 5.4　三相异步电动机的构件分解图

（一）定子主要组成部分

1. 机座

三相异步电动机机座的主要作用是固定和支承定子铁心及绕组。中小型三相异步电动机的机座一般用铸铁铸造而成。由于不同类型电动机的防护方式、冷却方式和安装方式不同，机座的形式也不同。

2. 定子铁心

三相异步电动机的定子铁心是电动机磁路的一部分，由厚度为 0.5mm 的硅钢片叠压而成。铁心内圆上均匀分布的槽口用于嵌放定子绕组，硅钢片表面涂有绝缘漆作为片间绝缘（小型电动机定子铁心也有不涂绝缘漆的），以减少涡流损耗。

3. 定子绕组

三相异步电动机的定子绕组是三相对称绕组，由三个完全相同的绕组组成，每个绕组即为一相，三相绕组在铁心内圆周面上相差 120° 布置，每相绕组的两端分别用 A-X、B-Y、C-Z 表示（在实际工作中也可用 U1-U2、V1-V2、W1-W2 表示），可以根据需要接成星形（用丫表示）或三角形（用△表示）。三相异步电动机定子绕组接线方式如图 5.5 所示。

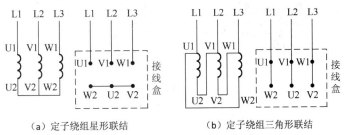

（a）定子绕组星形联结　　　　（b）定子绕组三角形联结

图 5.5　三相异步电动机定子绕组接线方式

（二）转子主要组成部分

1. 转子铁心

转子铁心的作用和定子铁心的作用相同，一方面作为电动机磁路的一部分，另一方面用于安放转子绕组。转子铁心也是用厚度为 0.5mm 的硅钢片叠压而成，固定在转轴上。

2. 转子绕组

三相异步电动机的转子绕组分为绕线转子与笼型两种结构型式。根据转子绕组的不同结构型式，三相异步电动机分为三相绕线转子异步电动机与三相笼型异步电动机。

1）绕线转子绕组。绕线转子绕组也是三相绕组，一般接成丫，三相引出线分别接到转轴上的三个与转轴绝缘的集电环上，通过电刷装置与外电路相连，这就有可能在转子电路中串联电阻以改善电动机的运行性能。绕线转子绕组与外加变阻器的连接如图 5.6 所示。

2）笼型绕组。笼型绕组在转子铁心的每个槽中插入一根铜条，在铜条两端各用一个铜环（称为端环）把铜条连接起来，称为铜排转子。笼型绕组如图 5.7 所示。

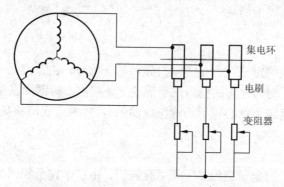

图 5.6　绕线转子绕组与外加变阻器的连接

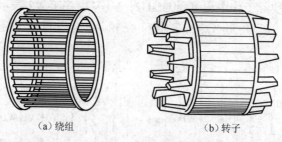

（a）绕组　　　　　　　（b）转子

图 5.7　笼型绕组

二、接触器自锁正转控制电路

（一）接触器自锁正转控制电路的基本知识

接触器自锁正转控制电路适用于电动机连续运行控制，还具有过载保护功能。

接触器自锁正转控制电路原理图如图 5.8 所示。接触器自锁正转控制电路分为主电路和控制电路两部分。

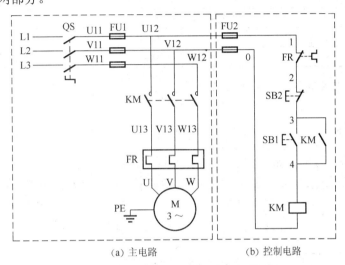

图 5.8　接触器自锁正转控制电路原理图

（二）接触器自锁正转控制电路的工作原理

电动机接触器自锁正转控制电路的工作原理和操作过程见表 5.1。

表 5.1　接触器自锁正转控制电路的工作原理和操作过程

序号	操作动作	元器件动作现象		备注
1	合上 QS（L1-U11）			
2	按下 SB1（3-4）	→KM 线圈（4-0）得电吸合	→KM 主触点（U12-U13）闭合	电动机正转连续运行
			→KM 辅助触点（3-4）闭合自锁	
3	按下 SB2（2-3）	→KM 线圈（4-0）失电释放	→KM 主触点（U12-U13）断开 KM 辅助触点（3-4）断开	电动机 M 停转
4	断开 QS（L1-U11）			

（三）接触器自锁正转控制电路元器件明细表

接触器自锁正转控制电路元器件明细表见表 5.2。

表 5.2　接触器自锁正转控制电路元器件明细表

序号	元器件名称	数量
1	电源指示灯	3
2	刀开关	1

续表

序号	元器件名称	数量
3	熔断器	5
4	交流接触器	1
5	三相热继电器	1
6	三相笼型异步电动机	1
7	按钮	2
8	主电路导线（黄、绿、红）	若干
9	控制电路导线（黑）	若干
10	接地线（黄绿线）	若干

（四）接触器自锁正转控制电路的安装

1. 固定元器件

选择合适的元器件并将其安装固定在控制板上。要求元器件安装牢固，并且符合工艺要求，按钮可以安装在控制板之外。接触器自锁正转控制电路元器件布局图如图 5.9 所示。

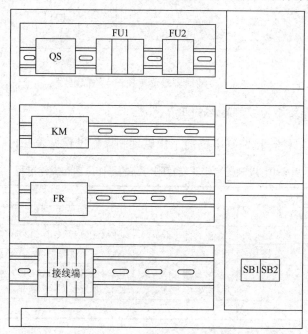

图 5.9　接触器自锁正转控制电路元器件布局图

2. 安装主电路

根据电动机容量选择主电路导线，按照接触器自锁正转控制电路原理图（图 5.8）接好主电路。

3. 安装控制电路

根据电动机容量选择控制电路导线，按照接触器自锁正转控制电路原理图（图5.8）接好控制电路。

4. 接触器自锁正转控制电路安装的注意事项

1）接线时，必须先接负载端，后接电源端；先接接地线，后接三相电源相线。
2）走线要集中，减少架空和交叉，做到横平、竖直、转弯成直角。
3）每个接线端最多只能接两根线。
4）接线点要牢靠，不得拉动，不得压绝缘层，无反圈、露铜过长等现象。
5）电动机和按钮的金属外壳必须可靠接地。

（五）电动机安装和自检

1）电动机绕组接成星形联结或三角形联结。
2）安装电动机和按钮的金属外壳上的保护接地线。
3）连接电源、电动机和控制板外部的导线。
4）自检。

① 观察导线接线点是否符合要求，压线是否牢固可靠，同时注意触点是否接触良好，以避免带负载运转时产生闪弧现象。

② 用万用表检测电路的通断情况。一般选用万用表"R×100Ω"挡检测，断开QS。

[检测主电路] 取下FU2的熔体，切断控制电路，检测电源各相通路。将万用表的两支表笔分别搭接在U11-V11、V11-W11和W11-U11端子上，测量三相电源之间的电阻值。未操作前，测得电阻值为∞，即电路为断路；按下KM的触点架，应当测得电动机一相绕组的直流电阻值。

[检测控制电路] 装好FU2的熔体，将万用表两支表笔搭接在FU2两端，测得电阻值为∞，即电路为断路。按下SB1，应当测得KM线圈的直流电阻值。

[检测自锁电路] 松开SB1，按下KM触点架，应当测得KM线圈的电阻值。

[检测停车控制] 在按下SB1或者按下KM触点架并测得KM线圈直流电阻值之后，若同时按下SB2，则测得电阻值为∞，即电路由通到断。

安装完毕的控制电路板必须经过认真检测后才允许通电试车，以避免错接、漏接造成不能正常运转或短路事故。

（六）通电试车

通电试车分为空操作（不接电动机）试车和带负载（接电动机）试车两个环节。

1. 空操作试验

合上QS，按下SB1，KM线圈得电吸合，观察是否符合电路功能要求，元器件的动作是否灵活，有无卡阻及噪声过大等现象。松开SB1，KM线圈应当处于吸合的自锁状态。按下 SB2，KM 线圈应当失电释放。

2. 带负载试车

断开 QS，接好电动机的连接线，合上 QS，观察电动机能否正常运转。

若在试车过程中发现异常现象，不能立即对电路接线是否正确进行带电检查，应当立即断电停车，并记录故障现象，及时排除故障。待故障排除后再次通电试车，直到空操作试车成功为止。然后再进行带负载试车，观察电动机的工作状况。

3. 通电试车的注意事项

1）未经教师允许，严禁私自通电试车。

2）严格遵守实习场地各项规章制度。

3）通电状态下，学生应当用单手进行操作，两脚要站在绝缘垫上。

4）通电完毕后，一定要先切断电源，人员方可离开通电现场。

5）通电现场要保持干净，没有杂乱导线和水。

（七）故障排除

接触器自锁正转控制电路故障分析表见表 5.3。

表 5.3　接触器自锁正转控制电路故障分析表

故障现象	故障原因	检测方法
按下 SB2，接触器 KM 线圈不释放	① SB2 触点被焊住或卡住。 ② KM 已经失电，但是其可动部分被卡住。 ③ KM 铁心接触面上有油污，铁心上下被粘住。 ④ KM 主触点熔焊	电阻测量法 SB2 检测：断开 QS，用万用表的电阻挡，将两支表笔分别搭接在 SB2 的上、下端点，按下 SB2，检测通断情况。 KM 主触点检测：断开 QS，用万用表的电阻挡，将两支表笔分别搭接在 KM 的上、下端点，检测通断情况
KM 线圈不自锁	① KM 辅助常开触点接触不良。 ② 自锁回路断路	电阻测量法 自锁回路检测：断开电源，用万用表的电阻挡，将一支表笔搭接在 SB2 的下端点，按下 KM 的触点架，用另一支表笔逐点顺序检测电路通断情况。若检测到电路不通，则故障点在该点与上一点之间

续表

故障现象	故障原因	检测方法
控制电路正常，电动机不能启动且有嗡嗡声	① 电源缺相。 ② 电动机定子绕组断路或绕组匝间短路。 ③ 定子、转子气隙中灰尘、油泥过多，将转子抱住。 ④ KM 主触点接触不良，使电动机单相运行。 ⑤ 轴承损坏、转子扫膛	主电路的检测方法参看[**检测主电路**] 电动机的检测：用钳形电流表测量电动机三相电流是否平衡。断开 QS，可用万用表电阻挡测量绕组是否断路
电动机加负载后转速明显下降	① 电动机运行中电源缺一相。 ② 转子笼条断裂	电动机运行中电源是否缺一相，可用钳形电流表测量电动机三相电流是否平衡

（八）结束

通电试车完毕，电动机停转，切断电源。先拆除三相电源线，再拆除电动机负载线。

任务实施

讨论

通风机有哪些用途？

计划

1）本次任务需要对电动机提供哪些电气保护？分别由哪些元器件提供相应的电气保护功能？讨论并简单描述接触器自锁正转控制电路的正转动作过程。

2）请与你的小组成员讨论，将通风机接触器自锁正转控制电路的回路图（图5.10）补充完整。

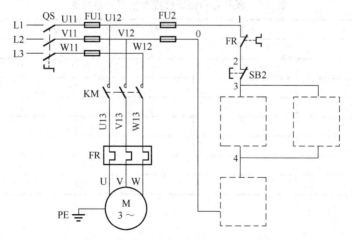

图 5.10　接触器自锁正转控制电路回路图

3）请与你的小组成员讨论，对补充完整的接触器自锁正转控制电路进行工作原理分析，并采用流程图的形式进行记录。

4）尝试与小组成员讨论有可能出现的电气故障问题及其解决方法。

5）在接触器自锁正转控制模拟接线图（图 5.11）上用导线将元器件连接起来，注意区分常开触点和常闭触点。

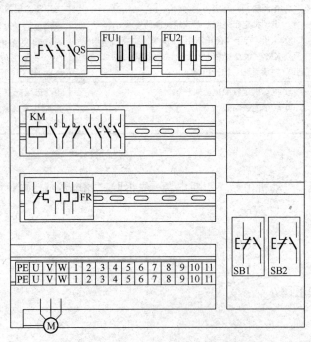

图 5.11　接触器自锁正转控制电路模拟接线图

6）根据通风机接触器自锁正转控制的要求选择需要的元器件，并将正确的元器件名称和符号填入表 5.4 中。

表 5.4　接触器自锁正转控制电路元器件表

序号	名称	符号	型号及规格	数量	作用
1					
2					
3					
4					
5					
6					
7					
8					

✿ 准备

根据实训的内容和要求选择合适的工具。接触器自锁正转控制电路工具清单见表 5.5。

表 5.5　接触器自锁正转控制电路工具清单

序号	名称		需要（√或×）
1	电工常用基本工具	十字螺丝刀	
2		一字螺丝刀	
3		尖嘴钳	
4		斜口钳	
5		剥线钳	
6		压线钳	
7		镊子	
8		验电笔	
9	万用表	数字万用表	
10		指针式万用表	

操作

在实训台上装接接触器自锁正转控制电路，并完成功能检测与调试。

（1）安装

1）按照接触器自锁正转控制电路模拟接线图（图 5.11）完成接触器自锁正转控制电路实际接线，并将工作步骤、注意事项和工具等内容按要求填入表 5.6 中。

表 5.6　接触器自锁正转控制电路安装工作表

序号	工作步骤	注意事项	工具
1			
2			
3			
4			
5			
6			
7			
8			

2）注意事项。

① 硬线只能用在固定安装的不动部件之间，其余场合应当采用软线。三相电源线分别用黄、绿、红三色来区分，中心线用黑色线，PE 线用黄绿双色线。用不同颜色的导线来区分主电路与控制电路，便于排查故障。

② 接线时，必须先接负载端，后接电源端；先接接地线，后接三相电源相线。

（2）检测

1）观察设备的组成部分。目视检查每个检测点是否存在缺陷，并将检查结果填入表 5.7 中。

表 5.7　接触器自锁正转控制电路检测表 1

序号	检测点	符合（√或×）
1	操作设备安装（空间布置合理）	
2	操作设备的标记（完整、可读）	
3	防接触保护（手指接触安全）	
4	电缆接口（绝缘、端子、保护导体）	
5	过电流选择装置（选择、设置）	
6	导线的选择（颜色）	

2）功能检测。根据接触器自锁正转控制电路的工作原理，断开 QS，分别按下按钮和接触器，记录万用表的数值，并将理论值与测量值进行对比分析，检测接触器自锁正转控制电路通断情况。正确记录操作过程，并按照要求填写表 5.8。

表 5.8　接触器自锁正转控制电路检测表 2

测量任务	总工序	工序	操作方法	正确阻值	测量结果	符合（√或×）
测量接触器自锁正转控制电路	断开 QS，装好 FU2 的熔体，将万用表置于"R×100Ω"挡或"R×1kΩ"挡，进行欧姆调零后，将万用表的两支表笔分别搭接在 FU2 两端，测量控制电路的阻值	1	未操作任何电器	∞		
		2				
		3				
		4				
		5				
		6				
		7				

3）导线的绝缘测量。用万用表进行各点间电压数值的测量，并将测量结果填入表 5.9 中。

表 5.9　接触器自锁正转控制电路检测表 3

序号	测量点 1	测量点 2	测量电压	理论值
1	PE	L1		
2	PE	L2		

续表

序号	测量点 1	测量点 2	测量电压	理论值
3	PE	L3		
4	L1	L2		
5	L1	L3		
6	L2	L3		

（3）调试

在教师的指导下正确填写实践操作过程，依据接触器自锁正转控制电路的工作原理和操作过程（表 5.1）完成表 5.10 中元器件动作现象的填写，并且在接触器自锁正转控制电路通电后认真观察，将观察到的现象记录于表 5.10 中。

表 5.10　接触器自锁正转控制电路调试表

序号	操作内容	元器件动作现象	观察到的现象	符合(√或×)
1				
2				
3				
4				
5				
6				
7				
8				

（4）故障分析

针对设置的故障现象，与小组成员分析讨论故障产生的原因，与教师沟通交流表达自己的想法，并将接触器自锁正转控制电路故障分析结果填入表 5.11 中。

表 5.11　接触器自锁正转控制电路故障分析表

序号	检修步骤	过程记录
1	观察到的故障现象	按下 SB1，KM 线圈不得电，电动机不能正常运行
	分析故障产生的原因	
	确定故障范围，找到故障点	

序号	检修步骤	过程记录
2	观察到的故障现象	按住 SB1，KM 线圈得电，松开 SB1，KM 线圈不得电，电动机点动运行
	分析故障产生的原因	
	确定故障范围，找到故障点	
3	观察到的故障现象	按下 SB2，KM 线圈不失电，电动机不能停止运行
	分析故障产生原因	
	确定故障范围，找到故障点	

填写维修工作任务验收单（表 5.12）。

表 5.12　维修工作任务验收单

报修部门		报修时间	
设备名称		设备型号/编号	
报修人		联系电话	
质量评价			
验收意见			
验收人		日期	年　月　日
维修人		日期	年　月　日

任务评价

对学生的学习情况进行综合评价。接触器自锁正转控制电路评价表见表 5.13。

表 5.13　接触器自锁正转控制电路评价表

任务流程	评价标准	配分	任务评价	教师评价
正确绘制电路图，并讲述工作原理	补全电路图，实现所要求的功能；元器件图形和符号标准	10		
安装元器件	选择正确的元器件；元器件布局合理；安装正确、牢固	15		
布线	布线横平竖直；导线颜色按照标准选择；接线点无松动、露铜过长、压绝缘层、反圈等现象	25		
熟悉自检方法和要求，用万用表对电路进行检测	正确使用万用表对电源、元器件、导线、电路进行检测	10		

任务流程	评价标准	配分	任务评价	教师评价
通电试车	在教师的监督下，安全通电试车一次成功	30		
能够对设置的故障进行分析和排除	能够分析故障产生的原因；能够用万用表测定实际故障点；排除故障点	10		
安全文明生产	违反安全文明操作规程（扣分视具体情况而定）			

起重机正反转控制电路的安装与维修

在电力拖动控制电路中，经常要对电动机进行正反转控制，以满足生产机械运动部件能够向正反两个方向运动的控制要求。例如，机床工作台的前进和后退、起重机的上升和下降等。起重机上升和下降的过程，就是电动机可逆旋转（正反转）的过程，通常采用按钮、接触器双重联锁正反转控制电路进行电气控制。

⚡ 任务目标

1）能够通过阅读任务导入的内容明确任务要求。

2）能够说出三相笼型异步电动机正反转控制电路的工作原理和操作过程。

3）能够列出三相笼型异步电动机正反转控制电路的元器件清单。

4）能够安装和调试三相笼型异步电动机正反转控制电路。

5）能够用仪表、工具检测电路安装的正确性，并按照安全操作规程正确通电运行。

6）能够用仪表、工具对三相笼型异步电动机正反转控制电路进行检测和故障分析，并且能够独立排除故障。

工作情景

加工车间的起重机坏了，由于搬运重物需要用到起重机，导致车间的部分工作停滞。车间主任急忙来到小明所在的维修部报修，师傅拿着工具带着小明快步跑向车间。

假如你是小明，能否在正确理解正转控制电路工作原理的基础上，顺利掌握反转控制电路的工作原理？

知识加油站

图 6.1 起重机

起重机（图 6.1）是指在一定范围内垂直提升和水平搬运重物的多动作起重机械，又称天车、航吊、吊车。车间内较为多见的桥式起重机是横架于车间、仓库和料场上空进行物料吊运的起重设备。它的两端坐落在高大的水泥柱或金属支架上，形状似桥。桥式起重机的桥架沿铺设在两侧高架上的轨道纵向运行，可以充分利用桥架下面的空间吊运物料，不受地面设备的阻碍，因此是使用范围最广、数量最多的一种起重机械。

起重机的工作特点是做间歇性运动，即在一个工作循环中取料、运移、卸载等动作的相应机构是交替工作的。起重机的优点是作业稳定、起重量大、可以在特定范围内吊重行走。

⚡ 相关知识

一、三相异步电动机定子绕组首末端的判别方法

三相异步电动机有三个定子绕组，每个定子绕组有两条引出线，三个定子绕组共有六条引出线。当电动机接线板损坏、定子绕组的六个线头分不清时，不能盲目接线，以免引起三相电流不平衡、电动机定子绕组过热、转速降低甚至不转、熔丝烧断或定子绕组烧毁等严重后果。因此，必须分清六个线头的首末端后，才允许接线。

用万用表或绝缘电阻表检测通断，可以找出每个定子绕组的两条引出线。

定子绕组六个线头的首末端的判别方法如下。

（一）串联判别法

1）用绝缘电阻表或万用表的电阻挡分别找出三相绕组各相的两个线头。串联判别法的接线方法如图 6.2 所示。

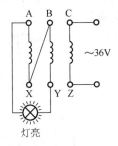
（a）灯亮说明两相首末端判别正确

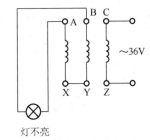
（b）灯不亮说明两相首末端判别错误

图 6.2　串联判别法接线方法

2）先给三相绕组的线头编号 A、X；B、Y；C、Z。若将 B、X 连接起来，则构成两相绕组串联。

3）A、Y 两个线头上接一只灯泡。

4）C、Z 两个线头上接通 36V 交流电源。若灯泡发光或用万用表测量 A、Y 两个线头上有电压，则说明线头 A、X 和 B、Y 的编号正确；若灯泡不发光或用万用表测不出电压，则将 A、X 或 B、Y 任意两个线头的编号对调一下即可。

5）再按上述方法对 C、Z 两个线头进行判别。

（二）用万用表判别六个线头首末端

方法一：

1）先用万用表电阻挡分别找出三相绕组各相的两个线头。

2）给各相绕组的线头编号 A、X；B、Y；C、Z。

3）按照图 6.3 接线，用万用表（调到微安挡）测量这两个线头，用手转动电动机转子。若万用表（微安挡）指针不动，则证明假设的编号正确；若万用表（微安挡）指针有偏转，则说明其中有一相首末端假设编号不对，应当逐相对调重测，直至正确为止。

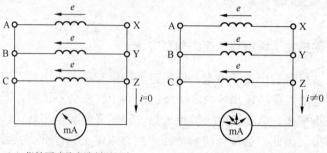

（a）指针不动首末端判别正确　　　　（b）指针摆动首末端判别错误

图 6.3　万用表判别六个线头首末端方法一

方法二：

1）先用万用表电阻挡分别找出三相绕组各相的两个线头，并编号。

2）合上开关瞬间，注意观察万用表（微安挡）指针摆动方向。若指针向正方向偏转，则电池正极所接的线头与万用表负极所接的线头为同名端；若指针向负方向偏转，则电池正极所接的线头与万用表正极所接的线头为同名端。

3）再将电池和开关接另一相两个线头进行测试，可正确判别各相的首末端。

二、正反转控制电路

（一）正反转控制电路的基本知识

生产机械的运动部件往往要求实现正反两个方向的运动，如主轴的正反转和起重机的升降等，这就要求电动机能够正反向旋转。由电动机原理可知，若将电动机三相电源中的任意两相对调，则可以改变电动机的旋转方向。电动机正反转控制电路有以下几种。

1）倒顺开关控制电路。

2）接触器联锁正反转控制电路。

3）按钮和接触器双重联锁正反转控制电路。

电动机接触器联锁正反转控制电路图如图 6.4 所示。正反转控制电路分为主电路和控制电路两部分。

电动机正反转控制电路中采用两个接触器，即正转接触器 KM1 和反转接触器 KM2，它们分别由正转按钮 SB2 和反转按钮 SB3 控制。从主电路中可以看出，这两个接触器的主触点所接通的电源相序不同，KM1 按照 L1-L2-L3 相序接线；KM2 则对调了两相的相序，按照 L3-L2-L1 相序接线。与此相应，控制电路有两条：一条是由 SB2 和 KM1 线圈等组成的正转控制电路；另一条是由 SB3 和 KM2 线圈等组成的反转控制电路。

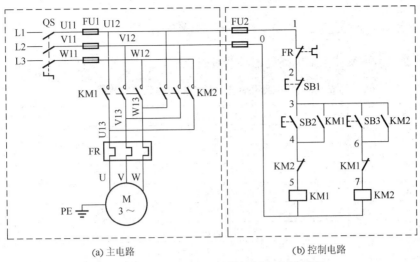

图 6.4　接触器联锁正反转控制电路原理图

KM1 和 KM2 的主触点绝不允许同时闭合，否则将造成两相电源（L1 相和 L3 相）短路事故。为了保证一个接触器得电动作时，另一个接触器不能得电动作，在正转控制电路中串联 KM2 的常闭辅助触点，而在反转控制电路中串联 KM1 的常闭辅助触点。这样，当 KM1 得电动作时，串联在反转控制电路中的 KM1 的常闭触点断开，切断反转控制电路，保证 KM1 的主触点闭合时，KM2 的主触点不能闭合。同样，当 KM2 得电动作时，串联在正转控制电路中的 KM2 的常闭触点断开，切断正转控制电路，从而可靠地避免了两相电源短路事故的发生。

（二）接触器联锁正反转控制电路的工作原理

电动机接触器联锁正反转控制电路的工作原理和操作过程见表 6.1。

表 6.1　电动机接触器联锁正反转控制电路工作原理和操作过程

序号	操作动作	元器件动作现象		备注
1	合上 QS（L1-U11）			
2	按下 SB2（3-4）	→KM1 线圈（5-0）得电吸合	→KM1 主触点（U12-U13）闭合	电动机正转运行
			→KM1 辅助触点（3-4）闭合自锁	
			→KM1 辅助触点（6-7）断开联锁	
3	按下 SB1（2-3）	→KM1 线圈（5-0）失电释放	→KM1 主触点（U12-U13）断开	电动机 M 停转
4	按下 SB3（3-6）	→KM2 线圈（7-0）得电吸合	→KM2 主触点（U12-W13）闭合	电动机反转运行
			→KM2 辅助触点（3-6）闭合自锁	
			→KM2 辅助触点（4-5）断开联锁	
5	按下 SB1（2-3）	→KM2 线圈（7-0）失电释放	→KM2 主触点（U12-W13）断开	电动机 M 停转
6	断开 QS（L1-U11）			

（三）接触器联锁正反转控制电路元器件明细表

接触器联锁正反转控制电路元器件明细表见表 6.2。

表 6.2 接触器联锁正反转控制电路元器件明细表

序号	元器件名称	数量
1	电源指示灯	3
2	刀开关	1
3	熔断器	5
4	交流接触器	2
5	三相热继电器	1
6	三相笼型异步电动机	1
7	按钮	3
8	主电路导线（黄、绿、红）	若干
9	控制电路导线（黑）	若干
10	接地线（黄绿线）	若干

（四）接触器联锁正反转控制电路的安装

1. 固定元器件

选择合适的元器件并将其安装固定在控制板上。要求元器件安装牢固，并且符合工艺要求，按钮可以安装在控制板之外。正反转控制电路元器件布局图如图 6.5 所示。

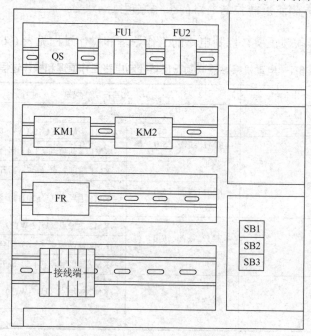

图 6.5 接触器联锁正反转控制电路元器件布局图

2. 安装主电路

根据电动机容量选择主电路导线，按照接触器联锁正反转控制电路原理图（图 6.4）接好主电路。

3. 安装控制电路

根据电动机容量选择控制电路导线，按照接触器联锁正反转控制电路原理图（图 6.4）接好控制电路。

4. 接触器联锁正反转控制电路安装的注意事项

1）接线时，必须先接负载端，后接电源端；先接接地线，后接三相电源相线。
2）走线要集中，减少架空和交叉，做到横平、竖直、转弯成直角。
3）每个接线端最多只能接两根线。
4）接线点要牢靠，不得松动，不得压绝缘层，无反圈、露铜过长等现象。
5）电动机和按钮的金属外壳必须可靠接地。

（五）电动机安装和自检

1）电动机绕组接成星形联结或三角形联结。
2）安装电动机和按钮的金属外壳上的保护接地线。
3）连接电源、电动机和控制板外部的导线。
4）自检。
① 观察导线接线点是否符合要求，压线是否牢固可靠，同时注意触点是否接触良好，以避免带负载运转时产生闪弧现象。
② 用万用表检测电路的通断情况。一般选用万用表"R×100Ω"挡检测，断开 QS。

[检测主电路]　取下 FU2 的熔体，切断控制电路，检测电源各相通路。将万用表的两支表笔分别搭接在 U11-V11、V11-W11 和 W11-U11 端子上，测量三相电源之间的电阻值。未操作前，测得电阻值为∞，即电路为断路；按下 KM1 或 KM2 的触点架，应当测得电动机一相绕组的直流电阻值。

[检测控制电路]　装好 FU2 的熔体，将万用表两支表笔搭接在 FU2 两端，测得电阻值为∞，即电路为断路。按下 SB3 或 SB2，应当测得 KM1 线圈或 KM2 线圈的直流电阻值。

[检测自锁电路]　松开 SB3 或 SB2，按下 KM1 或 KM2 的触点架，应当测得 KM1 线圈或 KM2 线圈的电阻值。

[检测停车控制]　在按下 SB3、SB2 或者按下 KM1、KM2 的触点架并测得 KM1 线圈或 KM2 线圈的直流电阻值之后，若同时按下 SB1，则测得电阻值为∞，即电路由通到断。

安装完毕的控制电路板必须经过认真检测后才允许通电试车，以避免错接、漏接造成不能正常运转或短路事故。

（六）通电试车

通电试车分为空操作（不接电动机）试车和带负载（接电动机）试车两个环节。

1. 空操作试验

合上 QS，按下 SB2，KM1 线圈得电吸合，观察是否符合电路功能要求，元器件的动作是否灵活，有无卡阻及噪声过大等现象。按下 SB3，KM2 线圈得电吸合，观察是否符合电路功能要求，元器件的动作是否灵活，有无卡阻及噪声过大等现象。放开 SB2 或 SB3，KM1 线圈或 KM2 线圈应当处于得电吸合的自锁状态。按下 SB1，KM1 线圈或 KM2 线圈应当失电释放。

2. 带负载试车

断开 QS，接好电动机的连接线，合上 QS，观察电动机能否正常运转。

若在试车过程中发现异常现象，不能立即对电路接线是否正确进行带电检查，应当立即断电停车，并记录故障现象，及时排除故障。待故障排除后再次通电试车，直到空操作试车成功为止。然后再进行带负载试车，观察电动机的工作状况。

3. 通电试车的注意事项

1）未经教师允许，严禁私自通电试车。
2）严格遵守实习场地各项规章制度。
3）通电状态下，学生应当用单手进行操作，两脚要站在绝缘垫上。
4）通电完毕后，一定要先切断电源，人员方可离开通电现场。
5）通电现场要保持干净，没有杂乱导线和水。

（七）故障排除

接触器联锁正反转控制电路故障分析表见表 6.3。

表 6.3　接触器联锁正反转控制电路故障分析表

故障现象	故障原因	检测方法
按下 SB2 或 SB3 时，KM1 或 KM2 动作，但是电动机均不能启动且有嗡嗡声	按下 SB2 或 SB3 时，KM1 或 KM2 动作，说明控制电路正常，故障应当在主电路上，其原因可能是： ① 电源 W 相断相。 ② FU1 熔体熔断 ③ FR 的热元件损坏。 ④ 主触点接触不良。 ⑤ 主电路各连接点接触不良或连接导线断路。 ⑥ 电动机故障	立即按下停车按钮 ① 用验电器检测电源开关的上、下端，若上端无电，则电源断相；若上端有电下端无电，则开关有故障。 ② 若电源开关下端有电，则用验电器检测 KM1、KM2 的上接线端是否有电。若某相无电，则用验电器从该点开始逐点向上检测，故障点在有电点与无电点之间。 ③ 若接触器主触点的上端点都有电，则断开电源，拔掉熔断器熔体，用万用表电阻挡检测，将一支表笔搭接在 KM1 或 KM2 主触点某相上端点，按下触点架，用另一支表笔交替测量另外两相，两两间逐相检测通路情况。对其他两相都不通的相即为故障相，对故障相逐点检测，找出故障点

续表

故障现象	故障原因	检测方法
按下 SB2 时，KM1 不动作，电动机不启动	① 电源电路故障。 断路器故障、电源连接导线故障。 ② 控制电路故障。 电路中存在断路或元器件故障 1 0 FR 2 SB1 3 SB2　KM1 4 KM2 5 KM1	电源电路检测：合上 QS，用万用表 500V 交流电压挡分别测量开关下端点 U11-V11、V11-W11、U11-W11 间的电压，观察是否正常。若电压正常，则故障点在控制电路；若电压不正常，则检测电源的输入端电压。若输入端电压正常，则故障点在转换开关；若输入端电压不正常，则故障点在电源。 控制电路检测：合上 QS，用测电笔逐点顺序检测是否有电，故障点在有电点和无电点之间
按下 SB3 时，KM2 不动作，电动机不启动	① 电源电路故障。 断路器故障、电源连接导线故障。 ② 控制电路故障。 电路中存在断路或元器件故障 SB3　KM2 6 KM1 7 KM2	电源电路检测：合上 QS，用万用表 500V 交流电压挡分别测量开关下端点 U11-V11、V11-W11、U11-W11 间的电压，观察是否正常。若电压正常，则故障点在控制电路；若电压不正常，则检查电源的输入端电压。若输入端电压正常，则故障点在转换开关；若输入端电压不正常，则故障点在电源。 控制电路检测：合上 QS，用测电笔逐点顺序检测是否有电，故障点在有电点和无电点之间
KM1 线圈或 KM2 线圈不自锁	① KM1 或 KM2 辅助常开触点接触不良。 ② 自锁回路断路 3 SB2　KM1　SB3　KM2 4　　　　6	电阻测量法 自锁回路检测：断开电源，用万用表的电阻挡，将一支表笔搭接在 SB2 的下端点，按下 KM1 或 KM2 的触点架，用另一支表笔逐点顺序检测电路通断情况。若检测到电路不通，则故障点在该点与上一点之间
按下 SB2 或 SB3 时，电动机正常运转，但是按下 SB1 后，电动机不停转	① SB1 常闭触点被焊住或卡住。 ② KM1 线圈或 KM2 线圈已经失电，但是其可动部分被卡住。 ③ KM1 或 KM2 铁心接触面上有油污，铁心上、下被粘住。 ④ KM1 或 KM2 主触点熔焊	SB1 检测：断开 QS，将万用表置于倍率适当的电阻挡，将两支表笔分别搭接在 SB1 的 2、3 接线端，检测通断情况。 KM1 或 KM2 主触点检查：断开 QS，将万用表置于倍率适当的电阻挡，将两支表笔分别搭接在 KM1 或 KM2 主触点的上、下接线端，检测通断情况
控制电路正常，电动机不能启动且有嗡嗡声	① 电源缺相。 ② 电动机定子绕组断路或绕组匝间短路。 ③ 定子、转子气隙中灰尘、油泥过多，将转子抱住。 ④ 接触器主触点接触不良，使电动机单相运行。 ⑤ 轴承损坏、转子扫膛	主电路的检测方法参看[检测主电路] 电动机的检测：用钳形电流表测量电动机三相电流是否平衡。断开 QS，可用万用表电阻挡测量绕组是否断路

续表

故障现象	故障原因	检测方法
电动机加负载后转速明显下降	① 电动机运行中电源缺一相。 ② 转子笼条断裂	电动机运行中电源是否缺一相,可用钳形电流表测量电动机三相电流是否平衡

（八）结束

通电试车完毕,电动机停转,切断电源。先拆除三相电源线,再拆除电动机负载线。

任务实施

讨论

1）查找资料并用文字简单描述起重机的正转动作过程和反转动作过程。

2）试述联锁的定义。

计划

1）请与你的小组成员讨论,将电动机接触器联锁正反转控制电路的回路图（图6.6）补充完整。

2）请与你的小组成员讨论,对补充完整的正反转控制电路进行工作原理分析,并采用流程图的形式进行记录。

3）尝试与小组成员讨论有可能出现的电气故障问题及其解决方法。

4）在接触器联锁正反转控制模拟接线图（图6.7）上用导线将元器件连接起来,注意区分常开触点和常闭触点。

5）根据起重机正反转控制的要求选择需要的元器件,并将正确的元器件名称和符号填入表6.4。

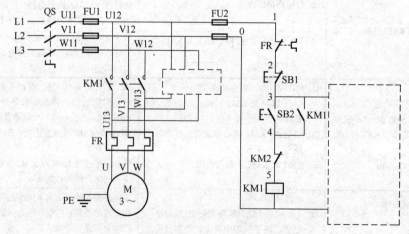

图6.6　接触器联锁正反转控制电路回路图

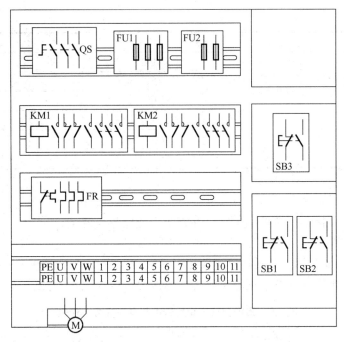

图 6.7　接触器联锁正反转控制电路模拟接线图

表 6.4　接触器联锁正反转控制电路元器件表

序号	名称	符号	型号及规格	数量	作用
1					
2					
3					
4					
5					
6					
7					
8					

准备

根据实训的内容和要求选择合适的工具。接触器联锁正反转控制电路工具清单见表 6.5。

表 6.5　接触器联锁正反转控制电路工具清单

序号	名称		需要（√或×）
1	电工常用基本工具	十字螺丝刀	
2		一字螺丝刀	
3		尖嘴钳	
4		斜口钳	

续表

序号	名称		需要（√或×）
5		剥线钳	
6	电工常用基本工具	压线钳	
7		镊子	
8		验电笔	
9	万用表	数字万用表	
10		指针式万用表	

操作

在实训台上装接正反转控制电路，并完成功能检测与调试。

（1）安装

1）按照接触器联锁正反转控制电路模拟接线图（图6.7）完成正反转控制电路实际接线，并将工作步骤、注意事项和工具等内容按要求填入表6.6中。

表6.6　接触器联锁正反转控制电路安装工作表

序号	工作步骤	注意事项	工具
1			
2			
3			
4			
5			
6			
7			
8			

2）注意事项。

① 硬线只能用在固定安装的不动部件之间，其余场合应当采用软线。三相电源线分别用黄、绿、红三色来区分，中心线用黑色线，PE线用黄绿双色线。用不同颜色的导线来区分主电路与控制电路，便于排查故障。

② 接线时，必须先接负载端，后接电源端；先接接地线，后接三相电源相线。

（2）检测

1）观察设备的组成部分。目视检查每个检测点是否存在缺陷，并将检查结果填入表6.7中。

表 6.7　接触器联锁正反转控制电路检测表 1

序号	检测点	符合（√或×）
1	操作设备安装（空间布置合理）	
2	操作设备的标记（完整、可读）	
3	防接触保护（手指接触安全）	
4	电缆接口（绝缘、端子、保护导体）	
5	过电流选择装置（选择、设置）	
6	导线的选择（颜色）	

2）功能检测。根据正反转控制电路的工作原理，断开 QS，分别按下按钮和接触器，记录万用表的数值，并将理论值与测量值进行对比分析，检测正反转控制电路通断情况。正确记录操作过程，并按照要求完成表 6.8。

表 6.8　接触器联锁正反转控制电路检测表 2

测量过程				正确阻值	测量结果	符合（√或×）
测量任务	总工序	工序	操作方法			
测量正反转控制电路	断开 QS，装好 FU2 的熔体，将万用表置于"R×100Ω"挡或"R×1kΩ"挡，进行欧姆调零后，将万用表的两支表笔分别搭接在 FU2 两端，测量控制电路的阻值	1	未操作任何电器	∞		
		2				
		3				
		4				
		5				
		6				
		7				

3）导线的绝缘测量。用万用表进行各点间电压数值的测量，并将测量结果填入表 6.9 中。

表 6.9　接触器联锁正反转控制电路检测表 3

序号	测量点 1	测量点 2	测量电压	理论值
1	PE	L1		
2	PE	L2		
3	PE	L3		
4	L1	L2		
5	L1	L3		
6	L2	L3		

（3）调试

在教师的指导下正确填写实践操作过程，依据正反转控制电路的工作原理和操作过程（表 6.1）完成表 6.10 中元器件动作现象的填写，并在正反转控制电路通电后认真观察，将观察到的现象记录于表 6.10 中。

表 6.10　接触器联锁正反转控制电路调试表

序号	操作内容	元器件动作现象	观察到的现象	符合(√或×)
1				
2				
3				
4				
5				
6				
7				
8				

（4）故障分析

针对设置的故障现象，与小组成员分析讨论故障产生的原因，与教师沟通交流表达自己的想法，并将正反转控制电路故障分析结果填入表 6.11 中。

表 6.11　接触器联锁正反转控制电路故障分析表

序号	检修步骤	过程记录
1	观察到的故障现象	电动机不能正转
	分析故障产生的原因	
	确定故障范围，找到故障点	
2	观察到的故障现象	电动机不能反转
	分析故障产生的原因	
	确定故障范围，找到故障点	
3	观察到的故障现象	电动机不能停止运转
	分析故障产生的原因	
	确定故障范围，找到故障点	

填写维修工作任务验收单（表 6.12）。

表 6.12　维修工作任务验收单

报修部门		报修时间	
设备名称		设备型号/编号	
报修人		联系电话	
质量评价			
验收意见			
验收人		日期	年　月　日
维修人		日期	年　月　日

任务评价

对学生的学习情况进行综合评价。接触器联锁正反转控制电路评价表见表 6.13。

表 6.13　接触器联锁正反转控制电路评价表

任务流程	评价标准	配分	任务评价	教师评价
正确绘制电路图，并讲述工作原理	补全电路图，实现所要求的功能；元器件图形和符号标准	10		
安装元器件	选择正确的元器件；元器件布局合理；安装正确、牢固	15		
布线	布线横平竖直；导线颜色按照标准选择；接线点无松动、露铜过长、压绝缘层、反圈等现象	25		
熟悉自检方法和要求，用万用表对电路进行检测	正确使用万用表对电源、元器件、导线、电路进行检测	10		
通电试车	在教师的监督下，安全通电试车一次成功	30		
能够对设置的故障进行分析和排除	能够分析故障产生的原因；能够用万用表测定实际故障点；排除故障点	10		
安全文明生产	违反安全文明操作规程（扣分视具体情况而定）			

卧式镗床自动往返控制电路的安装与维修

在生产过程中，一些生产机械运动部件的行程或位置要受到限制，或者要求其运动部件在一定范围内自动往返运动，若仅依靠设备操作人员进行控制，不仅劳动强度大，生产的安全性也得不到保证。在卧式镗床等自动及半自动控制的机床设备中设置行程开关，利用这些机床设备运动部件上的挡铁碰撞行程开关使其触点动作来接通或者断开电路，以实现对工件连续加工及提高生产效率的控制目的。

⚡ 任务目标

1）能够通过阅读任务导入的内容明确任务要求。

2）能够说出三相笼型异步电动机自动往返控制电路的工作原理和操作过程。

3）能够列出三相笼型异步电动机自动往返控制电路的元器件清单。

4）能够安装和调试三相笼型异步电动机自动往返控制电路。

5）能够用仪表、工具检测电路安装的正确性，并按照安全操作规程正确通电运行。

6）能够用仪表、工具对三相笼型异步电动机自动往返控制电路进行检测和故障分析，并且能够独立排除故障。

工作情景

小明这次接受的机床维修任务是维修卧式镗床。这台卧式镗床的故障现象是主轴电动机只能左右移动且移动到一定位置后不能自动往返。小明一边对照图样，一边用万用表检测，最后终于找到了故障点并排除了故障，圆满地完成了维修任务。

知识加油站

镗床是一种精密加工机床，主要用于加工精确的孔和孔间距离要求较为精确的零件。根据不同用途，镗床可分为卧式镗床（图7.1）、立式镗床、坐标镗床和专用镗床等。工业生产中应用较为广泛的镗床是卧式镗床，它是一种多用途的金属切削机床。它的镗轴水平放置，不但能够完成钻孔、镗孔等孔加工，而且能够切削端面、内圆、外圆及铣平面等。

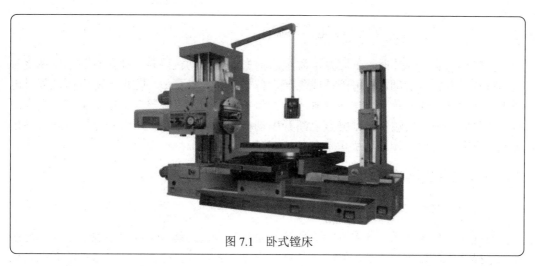

图 7.1　卧式镗床

⚡ 相关知识

一、电路保护

（一）短路保护

当电动机、电气设备和导线绝缘损坏或者线路发生故障时，都可能造成短路事故，产生很大的短路电流，而短路电流会引起电气设备绝缘损坏或者产生强大的电动力使电动机绕组和电路中的各种电气设备产生机械性损坏。因此当发生短路故障时，必须迅速、可靠地断开电路。利用熔断器 FU1、FU2 可分别实现主电路的短路保护与控制电路的短路保护（图 7.2）。

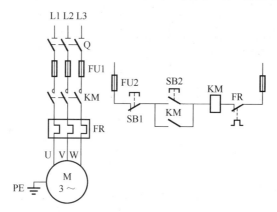

图 7.2　短路保护

（二）过载保护

过载就是负载过大超过了设备本身的额定负载，过载会造成电流过大、用电设备发热。电路长期过载会降低电路绝缘水平，甚至会烧毁设备或电路。因此，应对电动机设置过载保护，通常由热继电器 FR 来实现电动机的长期过载保护。

（三）失电压（零电压）和欠电压保护

在电动机正常工作时，若因为电源电压消失而使电动机停转，则在电源电压恢复时电动机就可能自行启动，将可能造成生产设备损坏和人身事故。防止电源电压恢复时电动机自行启动的保护称为失电压（零电压）保护。例如，接触器自锁控制电路，当电源电压恢复时，由于接触器自锁触点已断开电动机不会自行启动，从而避免了生产设备损坏或人身事故发生，实现了失电压保护电路的功能。

二、自动往返控制电路

（一）自动往返控制电路的基本知识

有些生产机械要求工作台在一定距离内能够自动往返运动，以便实现对工件的连续加工，提高生产效率，如龙门刨床、导轨磨床等。这就需要电气控制电路能够对电动机实现自动换接正反转控制。行程开关常作为控制元件用于控制电动机正反转运行。

为了使电动机的正反转控制与工作台的左右运动相配合，在控制电路中设置两个行程开关 SQ1、SQ2，并将它们安装在工作台需要限位的地方。在工作台边的 T 形槽中装有两块挡铁，挡铁 1 只能和 SQ2 相碰撞，挡铁 2 只能和 SQ1 相碰撞。当工作台运动到所限位置时，挡铁碰撞行程开关使其触点动作，自动换接电动机正反转控制电路，通过机械传动机构使工作台自动往返运动。工作台行程可以通过移动挡铁位置来调节，拉开两块挡铁之间的距离行程变长，反之则行程变短。

自动往返控制电路原理图如图 7.3 所示。自动往返控制电路分为主电路和控制电路两部分。图中，SQ1-1 为 SQ1 的常开触点，SQ1-2 为 SQ1 的常闭触点；SQ2-1 为 SQ2 的常开触点；SQ2-2 为 SQ2 的常闭触点。

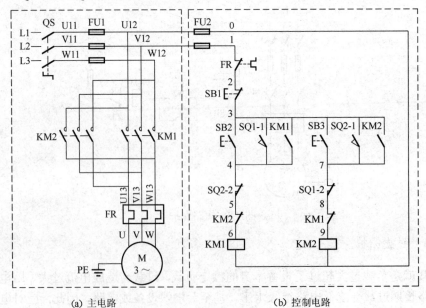

(a) 主电路　　　　　　　　　　　(b) 控制电路

图 7.3　自动往返控制电路原理图

（二）自动往返控制电路的工作原理

电动机自动往返控制电路的工作原理和操作过程见表 7.1。

表 7.1 自动往返控制电路工作原理和操作过程

序号	操作动作	元器件动作现象		备注
1	合上 QS（L1-U11）			
2	按下 SB2（3-4）	→KM1 线圈（6-0）得电吸合	→KM1 触点（8-9）断开联锁	电动机 M 正转，工作台左移
			→KM1 触点（3-4）闭合自锁	
			→KM1 主触点闭合	
3	撞到 SQ2-1（3-7）	→KM2 线圈（9-0）得电吸合	→SQ2-2 触点（4-5）断开联锁	电动机 M 反转，工作台右移
			→KM2 触点（3-7）闭合自锁	
			→KM2 主触点闭合	
4	撞到 SQ1-1（3-4）	→KM1 线圈（6-0）得电吸合	→SQ1-2 触点（7-8）断开联锁	电动机 M 正转，工作台左移
			→KM1 触点（3-4）闭合自锁	
			→KM1 主触点闭合	
5	按下 SB1（2-3）	→KM1 线圈（6-0）失电释放	→KM1 主触点断开	电动机 M 停转
6	断开 QS（L1-U11）			

（三）自动往返控制电路元器件明细表

自动往返控制电路元器件明细表见表 7.2。

表 7.2 自动往返控制电路元器件明细表

序号	元器件名称	数量
1	电源指示灯	3
2	刀开关	1
3	熔断器	5
4	交流接触器	2
5	三相热继电器	1
6	三相笼型异步电动机	1
7	按钮	3
8	行程开关	2
9	主电路导线（黄、绿、红）	若干
10	控制电路导线（黑）	若干
11	接地线（黄绿线）	若干

（四）自动往返控制电路的安装

1. 固定元器件

选择合适的元器件并将其安装固定在控制板上。要求元器件安装牢固，并且符合工作要求，按钮可以安装在控制板之外。自动往返控制电路元器件布局图如图 7.4 所示。

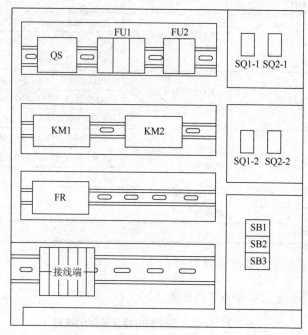

图 7.4 自动往返控制电路元器件布局图

2. 安装主电路

根据电动机容量选择主电路导线，按照自动往返控制电路原理图（图 7.3）接好主电路。

3. 安装控制电路

根据电动机容量选择控制电路导线，按照自动往返控制电路原理图（图 7.3）接好控制电路。

4. 自动往返控制电路安装的注意事项

1）接线时，必须先接负载端，后接电源端；先接接地线，后接三相电源相线。

2）走线要集中，减少架空和交叉，做到横平、竖直、转弯成直角。

3）每个接线端最多只能接两根线。

4）接线点要牢靠，不得松动，不得压绝缘层，无反圈、露铜过长等现象。

5）电动机和按钮的金属外壳必须可靠接地。

（五）电动机安装和自检

1）电动机绕组接成星形联结或三角形联结。

2）安装电动机和按钮的金属外壳上的保护接地线。

3）连接电源、电动机和控制板外部的导线。

4）自检。

① 观察导线接线点是否符合要求，压线是否牢固可靠，同时注意触点是否接触良好，以避免带负载运转时产生闪弧现象。

② 用万用表检测电路的通断情况。一般选用万用表"R×100Ω"挡检测，断开 QS。

[检测主电路]　取下 FU2 的熔体，切断控制电路，检测电源各相通路。将万用表的两支表笔分别搭接在 U11-V11、V11-W11 和 W11-U11 端子上，测量三相电源之间的电阻值。未操作前，测得电阻值为∞，即电路为断路；按下 KM1 或 KM2 的触点架，应当测得电动机一相绕组的直流电阻值。

[检测控制电路]　装好 FU2 的熔体，将万用表两支表笔搭接在 FU2 两端，测得电阻值为∞，即电路为断路。分别按下 SB2 或 SB3、SQ1 或 SQ2，应当测得 KM1 线圈和 KM2 线圈的直流电阻值。

[检测自锁电路]　分别松开 SB2 或 SB3、SQ1 或 SQ2，按下 KM1 或 KM2 的触点架，应当测得接触器线圈的直流电阻值。

[检测停车控制]　在分别按下 SB2 或 SB3、SQ1 或 SQ2，或者分别按下 KM1、KM2 的触点架，测得接触器线圈直流电阻值之后，若同时按下 SB1，则测得电阻值为∞，即电路由通到断。

（六）通电试车

通电试车分为空操作（不接电动机）试车和带负载（接电动机）试车两个环节。

1. 空操作试验

合上 QS，按下 SB2 或 SB3，KM1 线圈或 KM2 线圈得电吸合，观察是否符合电路功能要求，元器件的动作是否灵活，有无卡阻及噪声过大等现象。再次按下 SQ1 或 SQ2，观察是否符合电路功能要求，元器件的动作是否灵活，有无卡阻及噪声过大等现象。放开 SB2 或 SB3，KM1 线圈或 KM2 线圈应当处于得电吸合的自锁状态。按下 SB1，KM1 线圈或 KM2 线圈应当失电释放。

2. 带负载试车

断开 QS，接好电动机的连接线，合上 QS，观察电动机能否正常运转。

若在试车过程中发现异常现象，不能立即对电路接线是否正确进行带电检查，应当立即断电停车，并记录故障现象，及时排除故障。待故障排除后再次通电试车，直到空操作试车成功为止。然后再进行带负载试车，观察电动机的工作状况。

3. 通电试车的注意事项

1）未经教师允许，严禁私自通电试车。

2）严格遵守实习场地各项规章制度。

3）通电状态下，学生应当用单手进行操作，两脚要站在绝缘垫上。

4）通电完毕后，一定要先切断电源，人员方可离开通电现场。

5）通电现场要保持干净，没有杂乱导线和水。

（七）故障排除

自动往返控制电路故障分析表见表 7.3。

表 7.3　自动往返控制电路故障分析表

故障现象	故障原因	检测方法
碰到 SQ1 就停车，工作台不往返运动	① 元器件损坏。 ② 元器件之间的连接导线断路 （电路图：0、1、FR、SB1、2、SQ1-2、3、SB2、KM1、4、SQ2-2、5、KM2、6、KM1）	电阻测量法 断开 QS，用万用表的电阻挡，将一支表笔搭接在 SB2 的下端点，用另一支表笔沿着回路依次检测通断情况
碰到 SQ2 就停车，工作台不往返运动	① 元器件损坏。 ② 元器件之间的连接导线断路 （电路图：SB3、KM2、SQ2-1、7、SQ1-2、8、KM1、9、KM2）	电阻测量法 断开 QS，用万用表的电阻挡，将一支表笔搭接在 SB3 的下端点，用另一支表笔沿着回路依次检测通断情况
KM1 线圈或 KM2 线圈不自锁	① 接触器辅助常开触点接触不良。 ② 自锁回路断路	电阻测量法 自锁回路检测：断开 QS，用万用表的电阻挡，将一支表笔搭接在 SB2 的下端点，按下 KM1 或 KM2 的触点架，用另一支表笔逐点顺序检测电路通断情况。若检测到电路不通，则故障点在该点与上一点之间

续表

故障现象	故障原因	检测方法
控制电路正常，电动机不能启动且有嗡嗡声	① 电源缺相。 ② 电动机定子绕组断路或绕组匝间短路。 ③ 定子、转子气隙中灰尘、油泥过多，将转子抱住。 ④ 接触器主触点接触不良，使电动机单相运行。 ⑤ 轴承损坏、转子扫膛	主电路的检测方法参看[检测主电路] 电动机的检测：用钳形电流表测量电动机三相电流是否平衡。断开 QS，用万用表电阻挡测量绕组是否断路
电动机加负载后转速明显下降	① 电动机运行中电源缺一相。 ② 转子笼条断裂	电动机运行中电源是否缺一相，可用钳形电流表测量电动机三相电流是否平衡

（八）结束

通电试车完毕，电动机停转，切断电源。先拆除三相电源线，再拆除电动机负载线。

任务实施

讨论

1）卧式镗床的主要作用是什么？

2）行程开关的作用是什么？请简要说明行程开关与按钮的异同点。

3）自动往返控制电路与正反转控制电路有何区别？它们的相同点是什么？简要说明将正反转控制电路改装为自动往返控制电路的方法。

计划

1）请与你的小组成员讨论，将自动往返控制电路的回路图（图7.5）补充完整。

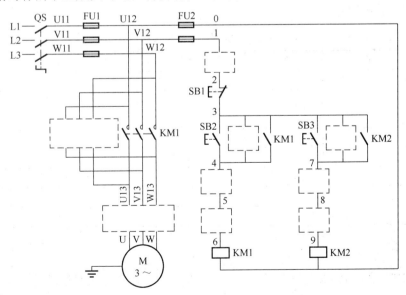

图 7.5　自动往返控制电路回路图

2）请与你的小组成员讨论，对补充完整的自动往返控制电路进行工作原理分析，并采用流程图的形式进行记录。

3）在自动往返控制模拟接线图（图 7.6）上用导线将元器件连接起来，注意区分常开触点和常闭触点。

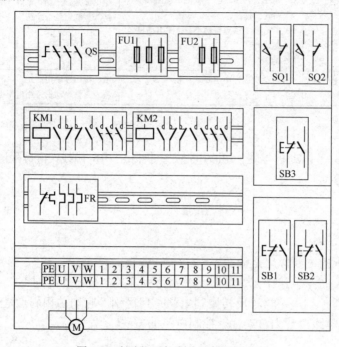

图 7.6　自动往返控制电路模拟接线图

4）根据卧式镗床自动往返控制的要求选择需要的元器件，并将正确的元器件名称和符号填入表 7.4 中。

表 7.4　自动往返控制电路元器件表

序号	名称	符号	型号及规格	数量	作用
1					
2					
3					
4					
5					
6					
7					
8					

❖ 准备

根据实训内容和要求选择合适的工具。自动往返控制电路工具清单见表 7.5。

表7.5　自动往返控制电路工具清单

序号	名称		需要（√或×）
1	电工常用基本工具	十字螺丝刀	
2		一字螺丝刀	
3		尖嘴钳	
4		斜口钳	
5		剥线钳	
6		压线钳	
7		镊子	
8		验电笔	
9	万用表	数字万用表	
10		指针式万用表	

操作

在实训台上装接自动往返控制电路，并完成功能检测与调试。

（1）安装

1）按照自动往返控制电路模拟接线图（图7.6）完成自动往返控制电路实际接线，并将工作步骤、注意事项和工具等内容按要求填入表7.6中。

表7.6　自动往返控制电路安装工作表

序号	工作步骤	注意事项	工具
1			
2			
3			
4			
5			
6			
7			
8			

2）注意事项。

① 硬线只能用在固定安装的不动部件之间，其余场合应当采用软线。三相电源线分别用黄、绿、红三色来区分，中心线用黑色线，PE 线用黄绿双色线。用不同颜色的导线来区分主电路与控制电路，便于排查故障。

② 接线时，必须先接负载端，后接电源端；先接接地线，后接三相电源相线。

（2）检测

1）观察设备的组成部分。目视检查每个检测点是否存在缺陷，并将检查结果填入表 7.7 中。

表 7.7　自动往返控制电路检测表 1

序号	检测点	符合（√或×）
1	操作设备安装（空间布置合理）	
2	操作设备的标记（完整、可读）	
3	防接触保护（手指接触安全）	
4	电缆接口（绝缘、端子、保护导体）	
5	过电流选择装置（选择、设置）	
6	导线的选择（颜色）	

2）功能检测。根据自动往返控制电路的工作原理，断开 QS，分别按下按钮和接触器，记录万用表的数值，并将理论值与测量值进行对比分析，检测自动往返控制电路通断情况。正确记录操作过程，并按照要求完成表 7.8。

表 7.8　自动往返控制电路检测表 2

测量任务	总工序	工序	操作方法	正确阻值	测量结果	符合（√或×）
测量自动往返控制电路	断开 QS，装好 FU2 的熔体，将万用表置于 "R×100Ω" 挡或 "R×1kΩ" 挡，进行欧姆调零后，将万用表的两支表笔分别搭接在 FU2 两端，测量控制电路的阻值	1	未操作任何电器	∞		
		2				
		3				
		4				
		5				
		6				
		7				
		8				

3）导线的绝缘测量。用万用表进行各点间电压数值的测量，并将测量结果填入表 7.9 中。

表 7.9　自动往返控制电路检测表 3

序号	测量点 1	测量点 2	测量电压	理论值
1	PE	L1		
2	PE	L2		
3	PE	L3		
4	L1	L2		
5	L1	L3		
6	L2	L3		

（3）调试

在教师的指导下正确填写实践操作过程，依据自动往返控制电路的工作原理与操作过程（表 7.1）完成表 7.10 中元器件动作现象的填写，并在自动往返控制电路通电后认真观察，将观察到的现象记录于表 7.10 中。

表 7.10　自动往返控制电路调试表

序号	操作内容	元器件动作现象	观察到的现象	符合（√或×）
1				
2				
3				
4				
5				
6				
7				
8				

（4）故障分析

针对设置的故障现象，与小组成员分析讨论故障产生的原因，与教师沟通交流表达自己的想法，并将自动往返控制电路故障分析结果填入表 7.11 中。

表7.11　自动往返控制电路故障分析表

序号	检修步骤	过程记录
1	观察到的故障现象	按下 SB2，电动机不能自锁运行
1	分析故障产生的原因	
1	确定故障范围，找到故障点	
2	观察到的故障现象	碰撞 SQ1，电动机停止运行
2	分析故障产生的原因	
2	确定故障范围，找到故障点	
3	观察到的故障现象	按下 SB1，电动机不能停止运行
3	分析故障产生的原因	
3	确定故障范围，找到故障点	

填写维修工作任务验收单（表7.12）。

表7.12　维修工作任务验收单

报修部门		报修时间	
设备名称		设备型号/编号	
报修人		联系电话	
质量评价			
验收意见			
验收人		日期	年　月　日
维修人		日期	年　月　日

⚡ 任务评价

对学生的学习情况进行综合评价。自动往返控制电路评价表见表7.13。

表 7.13 自动往返控制电路评价表

任务流程	评价标准	配分	任务评价	教师评价
正确绘制电路图，并讲述工作原理	补全电路图，实现所要求的功能；元器件图形和符号标准	10		
安装元器件	选择正确的元器件；元器件布局合理；安装正确、牢固	15		
布线	布线横平竖直；导线颜色按照标准选择；接线点无松动、露铜过长、压绝缘层、反圈等现象	25		
熟悉自检方法和要求，用万用表对电路进行检测	正确使用万用表对电源、元器件、导线、电路进行检测	10		
通电试车	在教师的监督下，安全通电试车一次成功	30		
能够对设置的故障进行分析和排除	能够分析故障产生的原因；能够用万用表测定实际故障点；排除故障点	10		
安全文明生产	违反安全文明操作规程（扣分视具体情况而定）			

工作任务八

传送带运输机顺序控制电路的安装与维修

在装有多台电动机的生产机械上，各台电动机所起的作用是不同的，只有按照一定的顺序启动或停止，才能保证操作过程合理和工作安全可靠。在很多场合都要用到的传送带运输机就是这样的机械设备。这种要求几台电动机的启动或停车必须按照一定的顺序来完成的控制方式称为电动机的顺序控制。

🔧 任务目标

1）能够通过阅读任务导入的内容明确任务要求。

2）能够说出三相笼型异步电动机顺序控制电路的工作原理和操作过程。

3）能够列出三相笼型异步电动机顺序控制电路的元器件清单。

4）能够安装和调试三相笼型异步电动机顺序控制电路。

5）能够用仪表、工具检测电路安装的正确性，并按照安全操作规程正确通电运行。

6）能够用仪表、工具对三相笼型异步电动机顺序控制电路进行检测和故障分析，并且能够独立排除故障。

工作情景

车间新进了一台传送带运输机，为了让这台机械设备能够立即投入生产，需要尽快地将传送带安装好。虽然安装设备并不是小明所在的维修部的工作，但是设备安装部由于人手不够求助于维修部，而师傅也希望小明能够多学点设备安装的本领，于是让小明也参与了传送带运输机的安装工作。好学的小明在接受工作任务之后及时查找传送带运输机的相关资料。

假如你是小明，在接受工作任务之后，应当如何安装传送带运输机的控制电路？

知识加油站

图 8.1 传送带运输机

传送带运输机（图 8.1）是一种摩擦驱动以连续方式运输物料的机械。应用它，可以将物料放在输送线上，使供料点和卸料点之间形成一个物料的输送流程。它既可以进行碎散物料的输送，也可以进行成件物品的输送。除进行纯粹的物料输送外，它还可以与各工业企业生产流程中的工艺要求相配合，形成有节奏的流水作业运输线。传送带运输机广泛应用于电子、电器、机械、烟草、注塑、邮电、印刷、食品等行业，以及物件的组装、检测、调试、包装及运输等过程。

⚡ 相关知识

一、电动机的检查和测试

电动机安装完毕后，首先应当检查所有的紧固螺栓是否拧紧，装配是否紧固，转子转动是否灵活，轴伸端径向偏摆是否在规定值允许的范围内，出线端连接是否正确等。然后还需进行如下测量。

（一）电动机直流电阻的测量

1）电动机三相直流电阻应当是平衡的，测量电动机直流电阻的目的是判断电动机绕组是否断路或短路。一般先用万用表测量电动机的直流电阻，当阻值在 10Ω 以下时改用电桥法测量。

2）将万用表置于欧姆挡 "R×1Ω" 挡位，分别测量电动机三相绕组的阻值。测量时，电动机的转子应当静止不动。应当进行三次测量，记录三次测量的电阻值，求出三相绕组电阻平均值，三相绕组阻值的最大值或最小值与平均值之差不应超过平均值的 2%。当绕组直流电阻小于 10Ω 时，应当采用电桥法测量。

（二）电动机绕组绝缘电阻的测量

电动机绕组的绝缘电阻一般在室温下测定，其测量步骤如下。

1. 电动机绕组对地绝缘测量

将 500V 兆欧表的接地端与电动机机座上的接地端相连，兆欧表另一端与电动机一相绕组的头或尾相连。兆欧表的接线如图 8.2 所示。以 120r/min 速度转动兆欧表摇柄，观察兆欧表指针停留的读数。另外两相绕组也进行同样的测量。

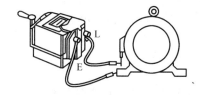

图 8.2　兆欧表的接线

2. 电动机三相绕组间的绝缘测量

相间绝缘就是绕组之间的绝缘，把表笔先接在一个绕组上，然后转动兆欧表摇柄，测量另一个绕组与它的阻值。三相 380V 电动机的绕组对机座及绕组各相间的绝缘电阻的阻值均大于 $0.5M\Omega$。

（三）电动机的空载试验

空载试验就是测定电动机的空载电流和空载损耗功率，利用电动机空载检查电动机的装配质量和运行情况。电动机通过上述检查后，即可在定子绕组上加载三相交流额定电压，连续空载运行 30min 以上，注意观察电流表上空载电流的变化。

进行空载试验时，不仅应当检查铁心是否过热、轴承的温升是否正常，还应当检查轴承运行的声音是否正常，以及电动机是否有噪声和振动等。

二、顺序控制电路

（一）顺序控制电路的基本知识

电动机顺序控制电路原理图如图 8.3 所示。顺序控制电路分为主电路和控制电路两部分。

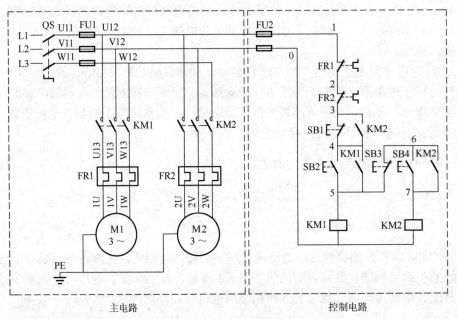

图 8.3　顺序控制电路原理图

（二）顺序控制电路的工作原理

电动机顺序控制电路的工作原理和操作过程见表 8.1。

表 8.1　顺序控制电路工作原理和操作过程

序号	操作动作	元器件动作现象		备注
1	合上 QS（L1-U11）			
2	按下 SB2（4-5）	→KM1 线圈（5-0）得电吸合	→KM1 辅助触点（4-5）闭合自锁	电动机 M1 运行
			→KM1 主触点闭合	

续表

序号	操作动作	元器件动作现象		备注
3	按下 SB4（6-7）	→KM2 线圈（7-0）得电吸合	→KM2 辅助触点（6-7）闭合自锁	电动机 M2 运行
			→KM2 主触点闭合	
4	按下 SB3（5-6）	→KM2 线圈（7-0）失电释放	→KM2 主触点断开	电动机 M2 停转
			→KM2 辅助触点（6-7）断开	
5	按下 SB1（3-4）	→KM1 线圈（5-0）失电释放	→KM1 主触点断开	电动机 M1 停转
			→KM1 辅助触点（4-5）断开	
6	断开 QS（L1-U11）			

（三）顺序控制电路元器件明细表

顺序控制电路元器件明细表见表 8.2。

表 8.2　顺序控制电路元器件明细表

序号	元器件名称	数量
1	电源指示灯	3
2	刀开关	1
3	熔断器	5
4	交流接触器	2
5	三相热继电器	2
6	三相笼型异步电动机	2
7	按钮	4
8	主电路导线（黄、绿、红）	若干
9	控制电路导线（黑）	若干
10	接地线（黄绿线）	若干

（四）顺序控制电路的安装

1. 固定元器件

选择合适的元器件并将其安装固定在控制板上。要求元器件安装牢固，并且符合工艺要求，按钮可以安装在控制板之外。顺序控制电路元器件布局图如图 8.4 所示。

2. 安装主电路

根据电动机容量选择主电路导线，按照顺序控制电路原理图（图 8.3）接好主电路。

3. 安装控制电路

根据电动机容量选择控制电路导线，按照顺序控制电路原理图（图 8.3）接好控制电路。

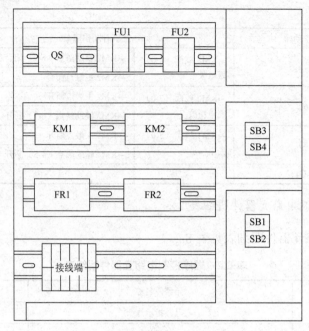

图 8.4　顺序控制电路元器件布局图

4. 顺序控制电路安装的注意事项

1）接线时，必须先接负载端，后接电源端；先接接地线，后接三相电源相线。

2）走线要集中，减少架空和交叉，做到横平、竖直、转弯成直角。

3）每个接线端最多只能接两根线。

4）接线点要牢靠，不得松动，不得压绝缘层，无反圈、露铜过长等现象。

5）电动机和按钮的金属外壳必须可靠接地。

（五）电动机安装和自检

1）电动机绕组接成星形联结或三角形联结。

2）安装电动机和按钮的金属外壳上的保护接地线。

3）连接电源、电动机和控制板外部的导线。

4）自检。

① 观察导线接线点是否符合要求，压线是否牢固可靠，同时注意触点是否接触良好，以避免带负载运转时产生闪弧现象。

② 用万用表检测电路的通断情况。一般选用万用表"R×100Ω"挡检测，断开 QS。

[检测主电路]　取下 FU2 的熔体，切断控制电路，检测电源各相通路。将万用表的两支表笔分别搭接在 U11-V11、V11-W11 和 W11-U11 端子上，测量三相电源之间的电阻值。未操作前，测得电阻值为∞，即电路为断路；按下 KM1 或 KM2 的触点架，应当测得电动机一相绕组的直流电阻值。

[检测控制电路]　装好 FU2 的熔体，将万用表两支表笔搭接在 FU2 两端，测得电阻值为∞，即电路为断路。按下 SB4 或 SB2，应当测得 KM 线圈的直流电阻值。

[检测自锁电路]　松开 SB4 或 SB2，按下 KM1 或 KM2 的触点架，应当测得 KM1 线圈或 KM2 线圈的电阻值。

[检测停车控制]　在按下 SB4 或 SB2、KM1 或 KM2 的触点架测得 KM1 线圈或 KM2 线圈直流电阻值之后，若同时按下停车按钮 SB3 或 SB1，则测得电阻值为∞，即电路由通到断。

（六）通电试车

通电试车分为空操作（不接电动机）试车和带负载（接电动机）试车两个环节。

1. 空操作试验

合上 QS，按下 SB4 或 SB2，KM1 线圈或 KM2 线圈得电吸合，观察是否符合电路功能要求，元器件的动作是否灵活，有无卡阻及噪声过大等现象。松开 SB4 或 SB2，KM1 线圈或 KM2 线圈应当处于吸合的自锁状态。按下 SB3 或 SB1，KM1 线圈或 KM2 线圈应当失电释放。

2. 带负载试车

断开 QS，接好电动机的连接线，合上 QS，观察电动机能否正常运转。

若在试车过程中发现异常现象，不能立即对电路接线是否正确进行带电检查，应当立即断电停车，并记录故障现象，及时排除故障。待故障排除后再次通电试车，直到空操作试车成功为止。然后再进行带负载试车，观察电动机的工作状况。

3. 通电试车的注意事项

1）未经教师允许，严禁私自通电试车。
2）严格遵守实习场地各项规章制度。
3）通电状态下，学生应当用单手进行操作，两脚要站在绝缘垫上。
4）通电完毕后，一定要先切断电源，人员方可离开通电现场。
5）通电现场要保持干净，没有杂乱导线和水。

（七）故障排除

电动机顺序控制电路故障分析表见表 8.3。

表 8.3　顺序控制电路故障分析表

故障现象	故障原因	检测方法
按下 SB2，电动机 M1 运行，按下 SB4，电动机 M2 不运行	① 元器件损坏。 ② 元器件之间的连接导线断路 （电路图：SB3、SB4，标号 6、7，KM2 触点与 KM2 线圈）	电阻测量法 断开 QS，按下 SB1，用万用表的电阻挡，将一支表笔搭接在 SB3 的上端点，用另一支表笔沿着回路依次检测通断情况

续表

故障现象	故障原因	检测方法
KM1 或 KM2 不自锁	① 接触器辅助常开触点接触不良。 ② 自锁回路断路 	电阻测量法 自锁回路检测：断开 QS，用万用表的电阻挡，将一支表笔搭接在 SB2 或 SB4 的下端点，按下 KM1 或 KM2 的触点架，用另一支表笔逐点顺序检测电路通断情况。若检测到电路不通，则故障点在该点与上一点之间
控制线路正常，电动机不能启动且有嗡嗡声	① 电源缺相。 ② 电动机定子绕组断路或绕组匝间短路。 ③ 定子、转子气隙中灰尘、油泥过多，将转子抱住。 ④ 接触器主触点接触不良，使电动机单相运行。 ⑤ 轴承损坏、转子扫膛	主电路的检测方法参看[检测主电路] 电动机的检测：用钳形电流表测量电动机三相电流是否平衡。断开 QS，用万用表电阻挡测量绕组是否断路
电动机加负载后转速明显下降	① 电动机运行中电源缺一相。 ② 转子笼条断裂	电动机运行中电源是否缺一相，可用钳形电流表测量电动机三相电流是否平衡

（八）结束

通电试车完毕，电动机停转，切断电源。先拆除三相电源线，再拆除电动机负载线。

⚡任务实施

✦讨论

1）什么是顺序控制？顺序控制电路的特点是什么？你能够画出两台电动机分别控制两条传送带的工作简图吗？

2）查找资料并用文字简单描述电动机顺序控制的动作过程。

✦计划

1）请与你的小组成员讨论，将电动机顺序控制电路的回路图（图8.5）补充完整。

2）请与你的小组成员讨论，对补充完整的顺序控制电路进行工作原理分析，并采用流程图的形式进行记录。

3）尝试与小组成员讨论有可能出现的电气故障问题及其解决方法。

4）在顺序控制模拟接线图（图8.6）上用导线将元器件连接起来，注意区分常开触点和常闭触点。

5）根据电动机顺序控制的要求选择需要的元器件，并将正确的元器件名称和符号填入表8.4中。

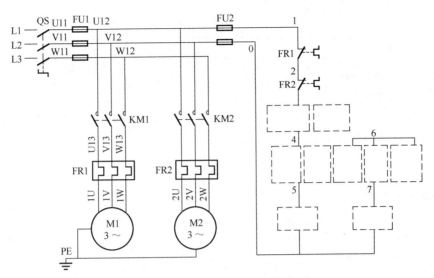

图 8.5　顺序控制电路回路图

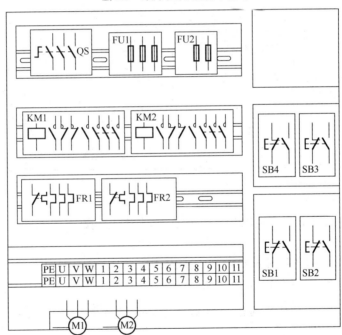

图 8.6　顺序控制电路模拟接线图

表 8.4　顺序控制电路元器件表

序号	名称	符号	型号及规格	数量	作用
1					
2					
3					
4					

序号	名称	符号	型号及规格	数量	作用
5					
6					
7					
8					

准备

根据实训内容和要求选择合适的工具。顺序控制电路工具清单见表 8.5。

表 8.5　顺序控制电路工具清单

序号	名称		需要（√或×）
1	电工常用基本工具	十字螺丝刀	
2		一字螺丝刀	
3		尖嘴钳	
4		斜口钳	
5		剥线钳	
6		压线钳	
7		镊子	
8		验电笔	
9	万用表	数字万用表	
10		指针式万用表	

操作

在实训台上装接顺序控制电路，并完成功能检测与调试。

（1）安装

1）按照顺序控制电路模拟接线图（图 8.6）完成顺序控制电路实际接线，并将工作步骤、注意事项和工具等内容按照要求填入表 8.6。

表 8.6　顺序控制电路安装工作表

序号	工作步骤	注意事项	工具
1			
2			
3			
4			

续表

序号	工作步骤	注意事项	工具
5			
6			
7			
8			

2）注意事项。

① 硬线只能用在固定安装的不动部件之间，其余场合应当采用软线。三相电源线分别用黄、绿、红三色来区分，中心线用黑色线，PE 线用黄绿双色线。用不同颜色的导线来区分主电路与控制电路，便于排查故障。

② 接线时，必须先接负载端，后接电源端；先接接地线，后接三相电源相线。

（2）检测

1）观察设备的组成部分。目视检查每个检测点是否存在缺陷，并将检查结果填入表 8.7 中。

表 8.7　顺序控制电路检测表 1

序号	检测点	符合（√或×）
1	操作设备安装（空间布置合理）	
2	操作设备的标记（完整、可读）	
3	防接触保护（手指接触安全）	
4	电缆接口（绝缘、端子、保护导体）	
5	过电流选择装置（选择、设置）	
6	导线的选择（颜色）	

2）功能检测。根据顺序控制电路的工作原理，断开 QS，分别按下按钮和接触器，记录万用表的数值，并将理论值与测量值进行对比分析，检测顺序控制电路通断情况。正确记录操作过程，并按照要求填写表 8.8。

表 8.8　顺序控制电路检测表 2

测量过程				正确阻值	测量结果	符合（√或×）
测量任务	总工序	工序	操作方法			
测量顺序控制电路	断开 QS，装好 FU2 的熔体，将万用表置于"R×100Ω"挡或"R×1kΩ"挡，进行欧姆调零后，将万用表的两支表笔搭接在 FU2 两端，测量控制电路的阻值	1	未操作任何电器	∞		
		2				
		3				
		4				
		5				
		6				
		7				

3）导线的绝缘测量。用万用表进行各点间电压数值的测量，并将测量结果填入表 8.9 中。

表 8.9　顺序控制电路检测表 3

序号	测量点 1	测量点 2	测量电压	理论值
1	PE	L1		
2	PE	L2		
3	PE	L3		
4	L1	L2		
5	L1	L3		
6	L2	L3		

（3）调试

在教师的指导下正确填写实践操作过程，依据顺序控制电路的工作原理和操作过程（表 8.1）完成表 8.10 中元器件动作现象的填写，并在顺序控制电路通电后认真观察，将观察到的现象记录于表 8.10 中。

表 8.10　顺序控制电路调试表

序号	操作内容	元器件动作现象	观察到的现象	符合（√或×）
1				
2				
3				
4				
5				
6				
7				
8				

（4）故障分析

针对设置的故障现象，与小组成员分析讨论故障产生的原因，与教师沟通交流表达自己的想法，并将顺序控制电路故障分析结果填入表 8.11 中。

表 8.11　顺序控制电路故障分析表

序号	检修步骤	过程记录
	观察到的故障现象	电动机 M2 不能启动
1	分析故障产生的原因	
	确定故障范围，找到故障点	

续表

序号	检修步骤	过程记录
2	观察到的故障现象	KM1 线圈和 KM2 线圈吸合,电动机 M1 和 M2 不能运转
	分析故障产生的原因	
	确定故障范围,找到故障点	
3	观察到的故障现象	电动机 M1 不能自锁运行
	分析故障产生的原因	
	确定故障范围,找到故障点	

填写完成维修工作任务验收单(表 8.12)。

表 8.12 维修工作任务验收单

报修部门		报修时间	
设备名称		设备型号/编号	
报修人		联系电话	
质量评价			
验收意见			
验收人		日期	年 月 日
维修人		日期	年 月 日

任务评价

对学生的学习情况进行综合评价。顺序控制电路评价表见表 8.13。

表 8.13 顺序控制电路评价表

任务流程	评价标准	配分	任务评价	教师评价
正确绘制电路图,并讲述工作原理	补全电路图,实现所要求的功能;元器件图形和符号标准	10		
安装元器件	选择正确的元器件;元器件布局合理;安装准确牢固	15		
布线	布线横平竖直;导线颜色按照标准选择;接线点无松动、露铜过长、压绝缘层、反圈等现象	25		

续表

任务流程	评价标准	配分	任务评价	教师评价
熟悉自检方法和要求，用万用表对电路进行检测	正确使用万用表对电源、元器件、导线、电路进行检测	10		
通电试车	在教师的监督下，安全通电试车一次成功	30		
能够对设置的故障进行分析和排除	能够分析故障产生的原因；能够用万用表测定实际故障点；排除故障点	10		
安全文明生产	违反安全文明操作规程（扣分视具体情况而定）			

砂轮机星-三角形降压启动控制电路的安装与维修

在生产实际中，有些较大功率的电动机在启动时需要较小的电流，而正常运行的时候则要求的电流较大，所以不能够直接启动，而是需要先降压再启动，以此来减少启动电流，砂轮机就是这样一种大功率的电动机。降压启动是利用启动设备将电源电压适当降低后加到电动机（笼型）定子绕组上进行启动，待电动机启动运转后，再将其电压恢复到额定值正常运行。降压启动的目的在于减小启动电流，但启动转矩也将降低，因此降压启动仅适用于电动机空载或轻载启动。常见的降压启动方法有自耦变压器降压启动、延边三角形降压启动、定子绕组串接电阻降压启动和丫－△降压启动。

⚡ 任务目标

1）能够通过阅读任务导入的内容明确任务要求。

2）能够说出三相笼型异步电动机丫－△降压启动控制电路的工作原理和操作过程。

3）能够列出三相笼型异步电动机丫－△降压启动控制电路的元器件清单。

4）能够安装和调试三相笼型异步电动机丫－△降压启动控制电路。

5）能够用仪表、工具检测电路安装的正确性，并按照安全操作规程正确通电运行。

6）能够用仪表、工具对三相笼型异步电动机丫－△降压启动控制电路进行检测和故障分析，并且能够独立排除故障。

工作情景

这天，小明正在很清闲地看书时，接到了来自师傅的电话语音留言："小明，你的机会来了！我今天去不了公司，我们之前正在改造的锯床设备只剩一台三相电动机及其控制电路还没连接，本来计划后天和你一起完成，但是客户明天来公司，希望能看到设备的运行，今天需要你把剩下的工作完成，电动机具体连接要求是能够用较小的启动电流，平稳工作后获得较大的旋转力矩，有些相关资料会给你。"

如果你是小明，在接受任务之后，该怎么解决这个问题呢？

知识加油站

砂轮机（图 9.1）是一种机械加工磨具，在多个行业都有应用。例如，机械加工过程中，因刀具磨损变钝或者刀具损坏失去切削能力，必须要将刀具在砂轮上进行刃磨，恢复其切削能力。砂轮机是用来刃磨各种刀具、工具的常用设备，也用作普通小

零件进行磨削、去毛刺及清理等工作。其结构主要由基座、砂轮、电动机或其他动力源、托架、防护罩和给水器等组成，可分为手持式砂轮机、立式砂轮机、悬挂式砂轮机、台式砂轮机等。

图 9.1 砂轮机

⚡相关知识

一、电动机 Y-△ 降压启动控制电路

Y-△ 降压启动是指电动机启动时，将定子绕组接成 Y，以降低启动电压（每相负载承受的电压是 220V），启动电流为直接按照 △ 联结启动时的 1/3，待启动完毕后再把定子绕组接成 △（每相负载承受的电压是 380V）。

（一）Y-△ 降压启动控制电路

定子绕组 Y-△ 接线示意图如图 9.2 所示。图中，KM_Y 主触头闭合，将电动机定子绕组接成 Y，如图 9.2（b）所示；KM_△ 主触头闭合，将电动机定子绕组接成 △，如图 9.2（c）所示，两种接线方式的切换由控制电路中的时间继电器定时自动完成。

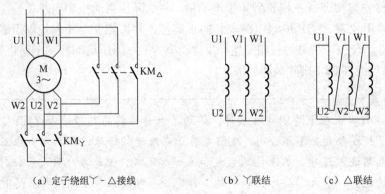

（a）定子绕组 Y-△ 接线　　　　　（b）Y 联结　　　（c）△ 联结

图 9.2 定子绕组 Y-△ 接线示意图

电动机 Y-△ 降压启动控制电路原理图如图 9.3 所示。图中主电路通过三个接触器主触点的通断配合将电动机的定子绕组分别接成 Y 和 △。当 KM1、KM2 线圈得电吸合时，定子绕组接成 Y；当 KM1、KM3 线圈得电吸合时，定子绕组接成 △。时间继电器 KT 用来控制电动机绕组 Y 启动的时间和 △ 运行状态的改变。

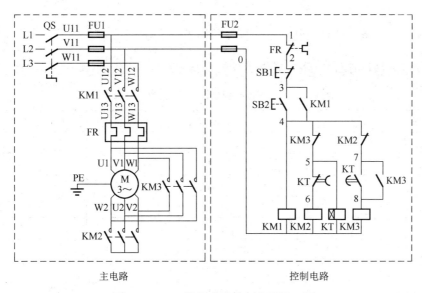

图 9.3　丫－△降压启动控制电路原理图

（二）丫－△降压启动控制电路的工作原理

丫－△降压启动控制电路的工作原理和操作过程见表 9.1。

表 9.1　丫－△降压启动控制电路的工作原理和操作过程

序号	操作动作	元器件动作现象				备注
1	合上 QS(L1-U11)					
2	按下 SB2（3-4）	→KM1 线圈（4-0）得通吸合	→KM1 主触点（U12-U13）闭合			电动机丫启动
			→KM1 辅助触点（3-4）闭合→SB2（3-4）自锁			
		→KM2 线圈（6-0）得通吸合	→KM2 主触点(U1-W2)闭合			
			→KM2 常闭触点(4-7)分断联锁			
		→KT 线圈（5-0）得通吸合	x 秒后→KT 常开触点（7-8）延时闭合自锁	→KM3 线圈(8-0)得电	→KM3 常闭触点(4-5)分断联锁	电动机△启动
					→KM3 主触点(W1-V2)闭合	
					→KM3 辅助触点(7-8)闭合→KT（7-8）自锁	
			→KT 常闭触点（5-6）断开	→KM2 线圈(6-0)失电	→KM2 主触点(U1-W2)和辅助触点恢复常态	
3	按下 SB1（2-3）	→KM1 线圈（4-0）失电释放	→KM1 主触点（U12-U13）断开			电动机M断电停转
		→KM3 线圈（8-0）失电释放	→KM3 主触点（W1-V2）断开			
4	断开 QS(L1-U11)					

（三）丫－△降压启动控制电路元器件明细表

丫－△降压启动控制电路元器件明细表见表9.2。

表9.2　丫－△降压启动控制电路元器件明细表

序号	元器件名称	数量
1	电源指示灯	3
2	刀开关	1
3	熔断器	5
4	交流接触器	3
5	三相热继电器	1
6	三相笼型异步电动机	1
7	按钮	2
8	时间继电器	1
9	主电路导线（黄、绿、红）	若干
10	控制电路导线（黑）	若干
11	接地线（黄绿线）	若干

（四）丫－△降压启动控制电路的安装

1. 固定元器件

选择合适的元器件并将其安装固定在控制板上。要求元器件安装牢固，并且符合工艺要求，按钮可以安装在控制板之外。丫－△降压启动控制电路元器件布局图如图 9.4 所示。

2. 安装主电路

根据电动机容量选择主电路导线，按丫－△降压启动控制电路原理图（图9.3）接好主电路。

3. 安装控制电路

根据电动机容量选择控制电路导线，按照丫－△降压启动控制电路原理图（图9.3）接好控制电路。

4. 丫－△降压启动控制电路安装的注意事项

1）丫－△降压启动控制电路只适用于正常运行时定子绕组接成△的笼型异步电动机。

2）接线时应当先将电动机接线盒的连接片拆除。

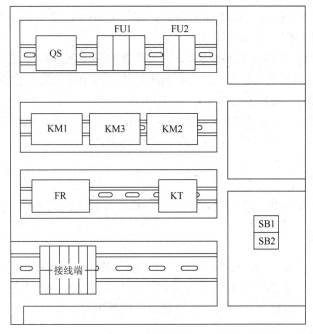

图 9.4　Y - △降压启动控制电路元器件布局图

3）接线时应当特别注意电动机首末端接线相序不可有错。

4）启动时间的控制。

① 启动时间对启动的影响。启动时间过短，启动电流仍会很大，造成电压波动；启动时间过长，会因为低电压、大电流导致电动机发热烧毁。

② 启动时间整定。为了防止启动时间过短或过长，一般按照电动机功率 1kW 约 0.6～0.8s 整定确定时间继电器的初始时间。在现场可用钳形电流表观察电动机启动过程中的电流变化，电流从刚启动时的最大值下降到不再下降的时间，就是 KT 的整定值。

5）Y - △降压启动控制电路，由于启动力矩只有△联结时的 1/3，因此只适用于轻载或空载的电动机。

（五）电动机安装和自检

1）电动机绕组接成星形联结或三角形联结。

2）安装电动机和按钮的金属外壳上的保护接地线。

3）连接电源、电动机和控制板外部的导线。

4）自检。

① 观察导线接线点是否符合要求，压线是否牢固可靠，同时注意触点是否接触良好，以避免带负载运转时产生闪弧现象。

② 用万用表检测电路的通断情况。用万用表"R×100Ω"挡检测，断开 QS。

[检测主电路]　取下 FU2 的熔体，切断控制电路，检查各相通路。将万用表的两支表笔分别搭接在 U11-V11、V11-W11 和 W11-U11 端子上，测量三相电源之间的电阻值。

未操作前，测得电阻值为∞，即电路为断路；按下 KM1 或 KM2 或 KM3 的触点架，应当测得电动机一相绕组的直流电阻值。

[检测控制电路] 装好 FU2 的熔体，将万用表的两支表笔搭接在 FU2 两端，测得电阻值为∞，即电路为断路，按下 SB2，应当测得接触器线圈的直流电阻值。

[检测自锁电路] 松开 SB2，按下 KM1 的触点架，应当测得接触器线圈的电阻值。

[检测停车控制] 在按下 SB2 或者按下 KM1 触点架测得接触器线圈直流电阻值之后，若同时按下 SB1，则测得电阻值为∞，即电路由通到断。

（六）通电试车

通电试车分为空操作（不接电动机）试车和带负载（接电动机）试车两个环节。

1. 空操作试验

合上 QS，按下 SB2，KM1 线圈、KM2 线圈、KM3 线圈先后得电吸合，观察是否符合电路功能要求，元器件的动作是否灵活，有无卡阻及噪声过大等现象。按下 SB1，KM1 线圈、KM3 线圈应当处于失电释放状态，电动机停止运转。

2. 带负载试车

断开 QS，接好电动机的连接线，合上 QS，观察电动机能否正常运转。

若在试车过程中发现异常现象，不能立即对电路接线是否正确进行带电检查，应当立即断电停车，并记录故障现象，及时排除故障。待故障排除后再次通电试车，直到空操作试车成功为止。然后再进行带负载试车，观察电动机的工作状况。

3. 通电试车的注意事项

1）未经教师允许，严禁私自通电试车。
2）严格遵守实习场地各项规章制度。
3）通电状态下，学生应当用单手进行操作，两脚要站在绝缘垫上。
4）通电完毕后，一定要先切断电源，人员方可离开通电现场。
5）通电现场要保持干净，没有杂乱导线和水。

（七）故障排除

丫－△降压启动控制电路故障分析表见表 9.3。

（八）结束

通电试车完毕，电动机停转，切断电源。先拆除三相电源线，再拆除电动机负载线。

表 9.3　 丫-△降压启动控制电路故障分析表

故障现象	故障原因	检测方法
电动机接成丫不能启动	主电路分析：FU1 断路、KM1 和 KM2 主触点接触不良、主电路有断点、电动机 M 绕组有故障。 控制电路分析：元器件损坏、器件之间的连接导线断路 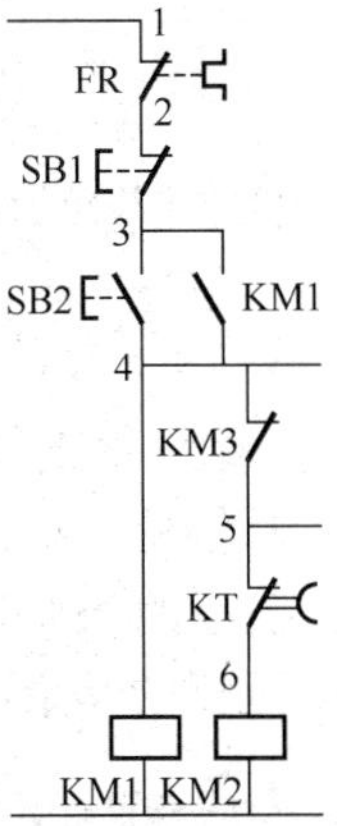	按下 SB1，观察 KM1、KM2 是否闭合。 ① 若 KM1、KM2 都闭合，则为主电路的问题，重点检查 FU1、KM1 及 KM2 主触点、电动机 M 绕组等。 ② 若 KM1、KM2 均不闭合，则重点检查 FU2、1 号线至 2 号线之间 FR 的常闭触点、2 号线至 3 号线之间 SB1 常闭触点、5 号线至 6 号线之间 KT 的延时断开瞬时闭合常闭触点等。 ③ 若 KM2 闭合，KM1 未闭合，则重点检查 4 号线至 7 号线之间 KM2 的常闭触点及 KM1 线圈
电动机接成丫能启动，不能转换为△运行	主电路分析：KM3 主触点闭合接触不良。 控制电路分析：4 号线至 5 号线之间 KM3 常闭触点接触不好、KT 线圈损坏，4 号线至 8 号线之间 KM2 常闭触点接触不良、KM3 线圈损坏等 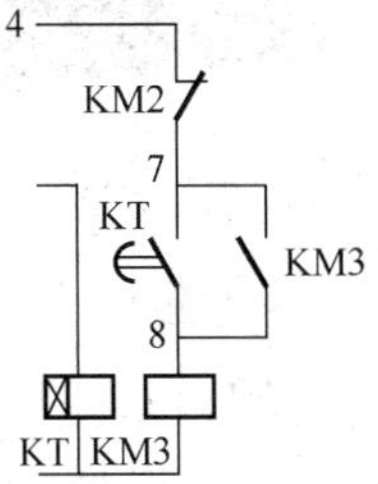	按下 SB2，电动机 M丫启动后，观察 KT 是否闭合。 ① 若 KT 未闭合，重点检查 KT 的线圈。 ② 若 KT 闭合，经过一定时间后，观察 KM2 是否释放，KM3 是否闭合。 · 若 KM2 未释放，则检查 5 号线与 6 号线之间 KT 的瞬时闭合延时断开触点（不能延时断开）。 · 若 KM2 释放，则观察 KM3 是否吸合。若 KM3 未吸合，则检查 4 号线与 7 号线之间 KM2 的常闭触点。若 KM3 吸合，则检查 KM3 的主触点
控制线路正常，电动机不能启动且有嗡嗡声	① 电源缺相。 ② 电动机定子绕组断路或绕组匝间短路。 ③ 定子、转子气隙中灰尘、油泥过多，将转子抱住。 ④ 接触器主触点接触不良，使电动机单相运行。 ⑤ 轴承损坏、转子扫膛	主电路的检测方法参看[检测主电路] 电动机的检测：用钳形电流表测量电动机三相电流是否平衡。断开 QS，用万用表电阻挡测量绕组是否断路
电动机加负载后转速明显下降	① 电动机运行中电路缺一相。 ② 转子笼条断裂	电动机运行中电源是否缺一相，可用钳形电流表测量电动机三相电流是否平衡

二、其他降压启动形式

（一）延边三角形降压启动

延边三角形降压启动，即在启动时将三相笼型异步电动机的一部分定子绕组接成丫，另外一部分接成△，从图形上看就好像将一个三角形的三条延边长，因此称为延边三角形。当电动机启动结束后，再将三相定子绕组接成△全压运行，如图 9.5 所示。

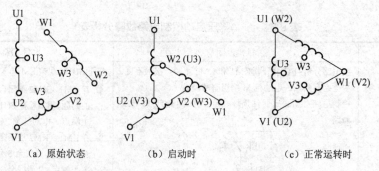

（a）原始状态　　　　（b）启动时　　　　　（c）正常运转时

图 9.5　延边三角形电动机定子绕组示意图

（二）自耦变压器降压启动

自耦变压器（图 9.6）是输出和输入共用一组线圈的特殊变压器，升压和降压用不同的抽头来实现，当作为降压变压器使用时，从绕组中抽出一部分线匝作为二次绕组；当作为升压变压器使用时，外施电压只加载在绕组的一部分线匝上。通常把同时属于一次和二次的那部分绕组称为公共绕组，自耦变压器的其余部分称为串联绕组。

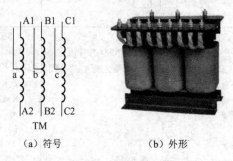

（a）符号　　　　　　（b）外形

图 9.6　自耦变压器

自耦变压器降压启动是指电动机启动时利用自耦变压器来降低加载在电动机定子绕组上的启动电压，达到限制启动电流的目的。启动时定子串入自耦变压器，自耦变压器一次侧接在电源电压上，定子绕组得到的电压为自耦变压器的二次电压，当电动机的转速达到一定值时，将自耦变压器从线路中切除，此时电动机直接与电源相接，电动机以全电压投入运行。

（三）定子绕组串接电阻降压启动

定子绕组串接电阻降压启动是指在电动机启动时，将电抗器或电阻串接在电动机定子绕组与电源之间，通过电阻的分压作用来降低定子绕组上的启动电压。待启动后，切除电抗器或电阻，使电动机在额定电压下正常运行。

⚡任务实施

❖讨论

1）简述砂轮机的作用和应用范围。

2）分别指出图 9.7 连接方式中哪一种是丫联结、哪一种是△联结、它们各自有什么优点，并简述连接方式。

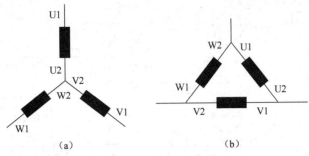

图 9.7　连接方式

3）尝试完成图 9.8 中三相异步电动机丫–△联结的两种接线方式。

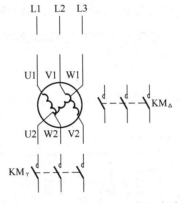

图 9.8　丫–△降压启动控制主电路

4）用万用表分别测量图 9.8 中丫–△联结的电压和电流，进行比较，你能得出什么结论？填入表 9.4 中。

表 9.4　丫–△联结对比表

联结方式	线电压	相电压	线电流
丫联结			
△联结			
比较			

结论：_____

_____

5）请与你的小组成员讨论，将电动机丫–△降压启动控制电路的回路图（图 9.9）补充完整。

6）请与你的小组成员讨论，对补充完整的丫–△降压启动控制电路进行工作原理分析，并采用流程图的形式进行记录。

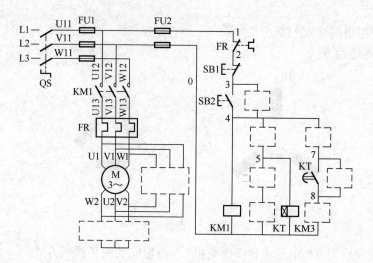

图 9.9 丫－△降压启动线路控制电路的回路图

7）尝试与小组成员讨论有可能出现的电气故障问题及其解决方法。

计划

1）在丫－△降压启动控制电路的模拟接线图（图 9.10）上用导线将元器件连接起来，注意区分常开触点和常闭触点。

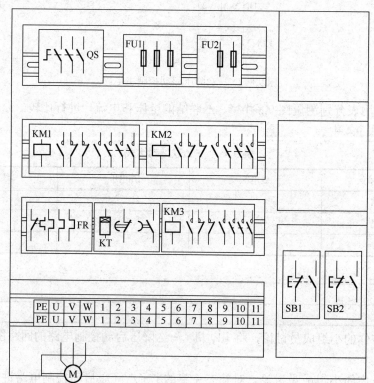

图 9.10 丫－△降压启动控制电路模拟接线图

2）根据电动机丫－△降压启动控制的要求选择需要的元器件，并将元器件名称、符号等填入表 9.5 中。

表 9.5　丫－△降压启动控制电路元器件表

序号	名称	符号	型号及规格	数量	作用
1					
2					
3					
4					
5					
6					
7					
8					

准备

根据实训内容和要求选择合适的工具。丫－△降压启动控制电路工具清单见表 9.6。

表 9.6　丫－△降压启动控制电路工具清单

序号	名称		需要（√或×）
1	电工常用基本工具	十字螺丝刀	
2		一字螺丝刀	
3		尖嘴钳	
4		斜口钳	
5		剥线钳	
6		压线钳	
7		镊子	
8		验电笔	
9	万用表	数字万用表	
10		指针式万用表	

操作

在实训台上装接丫－△降压启动控制电路，并完成功能检测与调试。

1. 安装

1）按照丫－△降压启动控制电路模拟接线图（图 9.10），完成丫－△降压启动控制电路实际接线，并将工作步骤、注意事项和工具等内容填入表 9.7。

表 9.7　丫－△降压启动控制电路安装工作表

序号	工作步骤	注意事项	工具
1			

续表

序号	工作步骤	注意事项	工具
2			
3			
4			
5			
6			
7			
8			

2）注意事项。

① 硬线只能用在固定安装的不动部件之间，其余场合应当采用软线。三相电源线分别用黄、绿、红三色来区分，中心线用黑色线，PE 线用黄绿双色线。用不同颜色的导线来区分主电路与控制电路，便于排查故障。

② 接线时，必须先接负载端，后接电源端；先接接地线，后接三相电源相线。

2. 检测

1）观察设备的组成部分。目视检查每个检测点是否存在缺陷，将结果填入表 9.8。

表 9.8　Ｙ-△降压启动控制电路检测表 1

序号	检测点	符合（√或×）
1	操作设备安装（空间布置合理）	
2	操作设备的标记（完整、可读）	
3	防接触保护（手指接触安全）	
4	电缆接口（绝缘、端子、保护导体）	
5	过电流选择装置（选择、设置）	
6	导线的选择（颜色）	

2）功能检测。根据控制电路的工作原理，断开 QS，分别按下按钮和接触器，记录万用表的数值，并将理论值与测量值进行对比分析，检测Ｙ-△降压启动控制电路的通断情况。正确记录操作过程，按照要求填写表 9.9。

表 9.9　丫–△降压启动控制电路检测表 2

测量过程				正确阻值	测量结果	符合(√或×)
测量任务	总工序	工序	操作方法			
测量丫–△降压启动控制电路	断开 QS，装好 FU2 的熔体，将万用表置于"R×100Ω"挡或"R×1kΩ"挡，进行欧姆调零后，将万用表的两支表笔搭接在 FU2 两端，测量控制电路的阻值	1	未操作任何电器	∞		
		2				
		3				
		4				
		5				
		6				
		7				

3）导线的绝缘测量。用万用表进行各点间电压数值的测量，并将测量结果填入表 9.10 中。

表 9.10　丫–△降压启动控制电路检测表 3

序号	测量点 1	测量点 2	测量电压	理论值
1	PE	L1		
2	PE	L2		
3	PE	L3		
4	L1	L2		
5	L1	L3		
6	L2	L3		

3. 调试

在教师的指导下正确填写实践操作过程，依据丫–△降压启动控制电路的工作原理和操作过程（表 9.1）完成表 9.11 中元器件动作现象的填写，并在丫–△降压启动控制电路通电后认真观察，将观察到的现象记录于表 9.11 中。

表 9.11　丫–△降压启动控制电路调试表

序号	操作内容	元器件动作现象	观察到的现象	符合(√或×)
1				
2				
3				
4				

续表

序号	操作内容	元器件动作现象	观察到的现象	符合(√或×)
5				
6				
7				
8				

4. 故障分析

针对设置的故障现象，与小组成员分析讨论故障产生的原因，与教师沟通交流表达自己的想法，并将丫－△降压启动控制电路故障分析结果填入表 9.12 中。

表 9.12　丫－△降压启动控制电路故障分析表

序号	检修步骤	过程记录
1	观察到的故障现象	电动机缺相运行
	分析故障产生的原因	
	确定故障范围，找到故障点	
2	观察到的故障现象	电动机只能丫启动，不能△运行
	分析故障产生的原因	
	确定故障范围，找到故障点	
3	观察到的故障现象	电动机不能自锁，不能正常丫启动
	分析故障产生的原因	
	确定故障范围，找到故障点	

填写完成维修工作任务验收单（表 9.13）。

表 9.13　维修工作任务验收单

报修部门		报修时间	
设备名称		设备型号/编号	
报修人		联系电话	

续表

质量评价	
验收意见	

验收人		日期	年　月　日
维修人		日期	年　月　日

⚡ 任务评价

对学生的学习情况进行综合评价。丫－△降压启动控制电路评价表见表 9.14。

表 9.14　丫－△降压启动线路控制电路评价表

任务流程	评价标准	配分	任务评价	教师评价
正确绘制电路图，并讲述工作原理	补全电路图，实现所要求的功能；元器件图形和符号标准	10		
安装元器件	选择正确的元器件；元器件布局合理；安装正确、牢固	15		
布线	布线横平竖直；导线颜色按照标准选择；接线点无松动、露铜过长、压绝缘层、反圈等现象	25		
熟悉自检方法和要求，用万用表对电路进行检测	正确使用万用表对电源、元器件、导线、电路进行检测	10		
通电试车	在教师的监督下，安全通电试车一次成功	30		
能够对设置的故障进行分析和排除	能够分析故障产生的原因；能够用万用表测定实际故障点；排除故障点	10		
安全文明生产	违反安全文明操作规程（扣分视具体情况而定）			

砂轮机反接制动控制电路的安装与维修

当切断电源后，由于电动机及生产机械的传动部分有转动惯性，需要经过较长时间才能停转，这对某些生产机械来说是允许的，如常用的砂轮机、风机等，这种停车后不加强制的停转称为自由停车。但是有的生产机械要求迅速停车或者准确停车。例如，吊车运送物品时，必须将货物准确地停放在空中某一位置；机床更换加工零件时要求迅速停机，以节省工作时间。实现这些操作功能都要用到制动控制技术。电动机的制动有机械制动和电气制动两大类。例如，电磁抱闸制动属于机械制动，能耗制动和反接制动属于电气制动。不论是哪种制动，电动机的制动转矩方向总是与电动机的转动方向相反。

⚡ 任务目标

1）能够通过阅读任务导入的内容明确任务要求。

2）能够说出三相笼型异步电动机反接制动控制电路的工作原理和操作过程。

3）能够列出三相笼型异步电动机反接制动控制电路的元器件清单。

4）能够安装和调试三相笼型异步电动机反接制动控制电路。

5）能够用仪表、工具检测电路安装的正确性，并按照安全操作规程正确通电运行。

6）能够用仪表、工具对三相笼型异步电动机反接制动控制电路进行检测和故障分析，并且能够独立排除故障。

工作情景

一天，小明来到砂轮机前观察设备的运行情况。他发现这台设备的停车时间非常短。"这是为什么呢？难道这台设备没有'惯性'？"小明问师傅，师傅笑眯眯地说："它有'刹车'啊！"

如果设备的"刹车"出现故障，假如你是小明，能够顺利完成该设备反接控制电路的安装与维修任务吗？

⚡ 相关知识

一、反接制动控制电路

（一）反接制动控制电路的基本知识

反接制动是将运行中的电动机电源反接，即将任意两根相线对调，以改变电动机定子绕组的电源相序，使定子绕组产生反向的旋转磁场，从而使转子受到与原旋转方向相反的制动力矩而迅速停止。反接制动电路的基本原理图如图 10.1 所示。

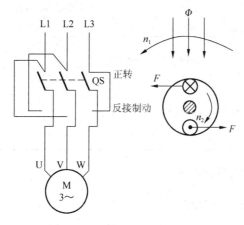

图 10.1　反接制动电路原理图

反接制动控制电路原理图如图 10.2 所示。反接制动控制电路分为主电路和控制电路两部分。

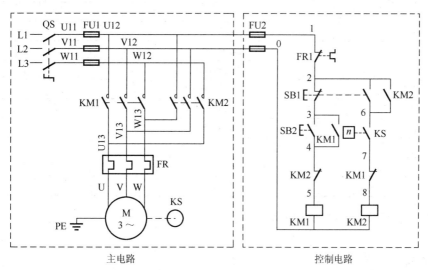

图 10.2　反接制动控制电路原理图

（二）反接制动控制电路的工作原理

反接制动控制电路的工作原理和操作过程见表 10.1。

表 10.1　反接制动控制电路工作原理和操作过程

序号	操作动作	元器件动作现象		备注
1	合上 QS（L1-U11）			
2	按下 SB2（3-4）	→KM1 线圈（5-0）得电吸合	→KM1 主触点（U12-U13）闭合	电动机 M 正转
			→KM1 辅助触点（3-4）闭合自锁	
			→KM1 辅助触点（7-8）分断联锁	
3	电动机 M 运转到一定速度	→KS 触点（6-7）闭合		
4	按下 SB1（2-3）	→KM2 线圈（8-0）得电吸合	→KM2 辅助触点（2-6）闭合自锁	电动机 M 反转
			→KM2 主触点（U12-W13）闭合	
			→KM2 辅助触点（4-5）分断联锁	
5	电动机 M 降低到一定速度	→KS 触点（6-7）断开		电动机 M 停车
6	断开 QS（L1-U11）			

（三）反接制动控制电路元器件明细表

反接制动控制电路元器件明细表见表 10.2。

表 10.2　反接制动控制电路元器件明细表

序号	元器件名称	数量
1	电源指示灯	3
2	刀开关	1
3	熔断器	5
4	交流接触器	2
5	三相热继电器	1
6	三相笼型异步电动机	1
7	按钮	2
8	速度继电器	1
9	主电路导线（黄、绿、红）	若干
10	控制电路导线（黑）	若干
11	接地线（黄绿）	若干

（四）反接制动控制电路的安装

1. 固定元器件

选择合适的元器件并将其安装固定在控制板上。要求元器件安装牢固，并且符合工艺要求，按钮可以安装在控制板之外。反接制动控制电路元器件布局图如图 10.3 所示。

2. 安装主电路

根据电动机容量选择主电路导线，按照反接制动控制电路原理图（图10.2）接好主电路。

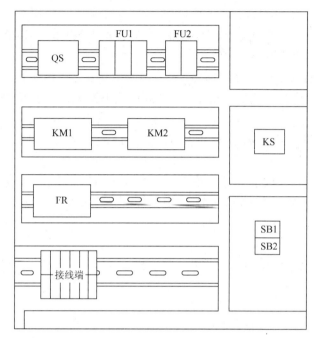

图 10.3　反接制动控制电路元器件布局图

3. 安装控制电路

根据电动机容量选择控制电路导线，按照反接制动控制电路原理图（图10.2）接好控制电路。

4. 反接制动控制电路安装的注意事项

1）接线时，必须先接负载端，后接电源端；先接接地线，后接三相电源相线。

2）走线要集中，减少架空和交叉，做到横平、竖直、转弯成直角。

3）每个接线端最多只能接两根线。

4）接线点要牢靠，不得松动，不得压绝缘层，无反圈、露铜过长等现象。

5）电动机和按钮的金属外壳必须可靠接地。

（五）电动机安装和自检

1）电动机绕组接成星形联结或三角形联结。

2）安装电动机和按钮的金属外壳上的保护接地线。

3）连接电源、电动机和控制板外部的导线。

4）自检。

① 观察导线接线点是否符合要求，压线是否牢固可靠，同时注意触点是否接触良好，以避免带负载运转时产生闪弧现象。

② 用万用表检测电路的通断情况。用万用表"R×100Ω"挡检测，断开 QS。

[检测主电路] 取下 FU2 的熔体，切断控制电路，检测电源各相通路。将万用表的两支表笔分别搭接在 U11-V11、V11-W11 和 W11-U11 端子上，测量三相电源之间的电阻值。未操作前，测得电阻值为∞，即电路为断路；按下 KM1 或 KM2 的触点架，应当测得电动机一相绕组的直流电阻值。

[检测控制电路] 装好 FU2 的熔体，将万用表两支表笔搭接在 FU2 两端，测得电阻值为∞，即电路为断路。分别按下 SB1 或 SB2，应当测得 KM1 线圈和 KM2 线圈的直流电阻值。

[检测自锁电路] 松开 SB2，按下 KM1 或 KM2 的触点架，应当测得接触器线圈的直流电阻值。

[检测停车控制] 在按下 SB2 或者按下 KM1、KM2 的触点架测得接触器线圈直流电阻值之后，若同时按下停车按钮 SB1，则测得电阻值为∞，即电路由通到断。

（六）通电试车

通电试车分为空操作（不接电动机）试车和带负载（接电动机）试车两个环节。

1. 空操作试验

合上 QS，按下 SB2，KM1 线圈、KT 线圈、KM2 线圈相继得电吸合，观察是否符合电路功能要求，元器件的动作是否灵活，有无卡阻及噪声过大等现象。放开 SB2，KM1 线圈应当处于吸合的自锁状态。按下 SB1，KM1 线圈或 KM2 线圈应当失电释放。

2. 带负载试车

断开 QS，接好电动机的连接线，合上 QS，观察电动机能否正常运转。

若在试车过程中发现异常现象，不能立即对电路接线是否正确进行带电检查，应当立即断电停车，并记录故障现象，及时排除故障。待故障排除后再次通电试车，直到空操作试车成功为止。然后再进行带负载试车，观察电动机的工作状况。

3. 通电试车的注意事项

1）未经教师允许，严禁私自通电试车。
2）严格遵守实习场地各项规章制度。
3）通电状态下，学生应当用单手进行操作，两脚要站在绝缘垫上。
4）通电完毕后，一定要先切断电源，人员方可离开通电现场。
5）通电现场要保持干净，没有杂乱导线和水。

（七）故障排除

电动机反接制动控制电路故障分析表见表 10.3。

表 10.3　反接制动控制电路故障分析表

故障现象	故障原因	检测方法
电动机不能正常启动	① 元器件损坏。 ② 元器件之间的连接导线断路 FU2　1 0 FR　2 SB1　3 SB2　KM1　4 KM2　5 KM1	电阻测量法 断开 QS，用万用表的电阻挡，将一支表笔搭接在 FU2 的上端点，用另一支表笔沿着回路依次检测通断情况
电动机不能正常制动	① 速度继电器的弹性动触片调整不当。 ② 元器件损坏。 ③ 元器件之间的连接导线断路 KM2 6 n　KS 7 KM1 8 KM2	电阻测量法 断开 QS，用万用表的电阻挡，将一支表笔搭接在 SB1 的上端点，用另一支表笔沿着回路依次检测通断情况
电动机点动运行	① 接触器辅助常开触点接触不良。 ② 自锁回路断路 3 SB2　KM1 4	电阻测量法 自锁回路检查：断开 QS，用万用表的电阻挡，将一支表笔搭接在 SB2 的下端点，按下 KM1 的触点架，用另一支表笔逐点顺序检测电路通断情况。若检测到电路不通，则故障点在该点与上一点之间
控制线路正常，电动机不能启动且有嗡嗡声	① 电源缺相。 ② 电动机定子绕组断路或绕组匝间短路。 ③ 定子、转子气隙中灰尘、油泥过多，将转子抱住。 ④ 接触器主触点接触不良，使电动机单相运行。 ⑤ 轴承损坏、转子扫膛	主电路的检测方法参看[检测主电路] 电动机的检测：用钳形电流表测量电动机三相电流是否平衡。断开 QS，用万用表电阻挡测量绕组是否断路
电动机加负载后转速明显下降	① 电动机运行中电源缺一相。 ② 转子笼条断裂	电动机运行中电源是否缺一相，可用钳形电流表测量电动机三相电流是否平衡

（八）结束

通电试车完毕，电动机停转，切断电源。先拆除三相电源线，再拆除电动机负载线。

二、其他制动形式

（一）电磁抱闸制动

电磁抱闸制动器分为断电制动型和通电制动型两种。电磁抱闸制动器的外形、结构及符号如图 10.4 所示。电磁抱闸制动器主要由制动电磁铁和闸瓦制动器两部分组成。其中，制动电磁铁由线圈、铁心、衔铁组成，闸瓦制动器则由轴、闸轮、闸瓦、杠杆和弹簧组成。在制动电磁铁的线圈断电的情况下，即自然状态下，制动器的闸瓦紧紧抱住闸轮，称为电磁抱闸断电制动；当制动电磁铁的线圈通电时，如果制动器的闸瓦紧紧抱住闸轮，则称为电磁抱闸通电制动。

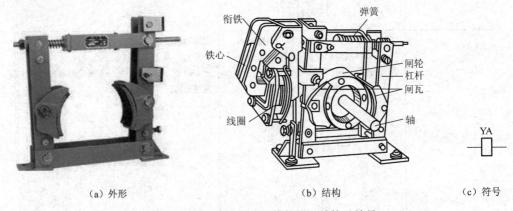

(a) 外形　　　　　　　　　(b) 结构　　　　　　　　(c) 符号

图 10.4　电磁抱闸制动器的外形、结构及符号

电磁抱闸断电制动控制电路原理图如图 10.5 所示，其工作原理如下。

按下 SB2，KM 线圈得电，其主触点和自锁触点闭合，电动机 M 得电。同时，抱闸电磁线圈 YB 得电，电磁铁产生磁场力吸合衔铁，带动制动杠杆动作，推动闸瓦松开闸轮，电动机 M 启动运转；停车时，按下 SB1，KM 线圈失电，其主触点断开，电动机绕组和抱闸电磁线圈 YB 同时失电，电磁铁的衔铁释放，在弹簧力的作用下，闸瓦将安装在电动机转轴上的闸轮紧紧抱住，电动机 M 迅速停止转动。

电磁抱闸断电制动控制电路的特点是断电时制动闸处于"抱住"状态。在电梯、起重机、卷扬机等升降机械上通常采用电磁抱闸断电制动。其优点是能够准确定位，同时还可以防止电动机突然断电或者电路出现故障时重物自行坠落。在机床等生产机械中通常采用电磁抱闸通电制动，以便在电动机未通电时，可以用手扳动主轴来进行调整和对刀。

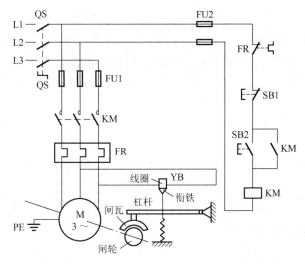

图 10.5　电磁抱闸断电制动控制电路原理图

（二）能耗制动

能耗制动是在三相异步电动机脱离三相交流电源后，立即在定子绕组中接入一个直流电源，使定子绕组产生一个恒定的磁场。转子因机械惯性作用继续旋转时，转子导体切割这个恒定磁场会产生感应电动势和感应电流，该感应电流与恒定磁场相互作用会产生一个与电动机旋转方向相反的电磁转矩（制动转矩），使电动机迅速停止。能耗制动的基本原理如图 10.6 所示。

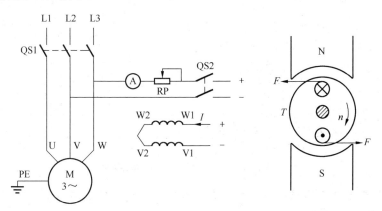

图 10.6　能耗制动原理图

这种制动方法实质上是将转子原来"储存"的机械能转换为电能，又消耗在转子的制动上，因此称为能耗制动。

能耗制动转矩的大小是由接入定子绕组的直流电流的大小决定的。电流越大，静止磁场越强，产生的制动转矩就越大。直流电流的大小可以用滑动变阻器 RP 调节，但是接入的直流电流不宜过大，一般为异步电动机空载电流的 3～5 倍，否则会烧坏定子绕组。

能耗制动的优点是制动准确、能耗少、制动较平稳、对电网冲击小。它的缺点是低速时制动力矩也随之减少，不易制动停止，需要直流电源。10kW 以下的小功率电动机可以采用无变压器单相半波整流电路，通过整流获得制动直流电源，而 10kW 以上的电动机大多采用有变压器的单相桥式整流电路，通过整流获得制动直流电源。

任务实施

讨论

1）查找资料并回答为什么砂轮机的断电过程需要制动控制？了解制动的含义并回答制动有几种形式。

2）你能说出改变电动机电源相序与改变电动机运转方向之间的关系吗？

3）简述速度继电器的作用。

计划

1）请与你的小组成员讨论，将电动机反接制动控制电路的回路图（图 10.7）补充完整。

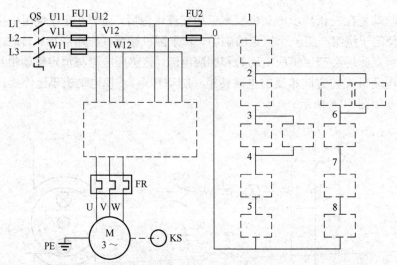

图 10.7　反接制动控制电路回路图

2）请与你的小组成员讨论，对补充完整的反接制动控制电路进行工作原理分析，并采用流程图的形式进行记录。

_____

_____

_____

3）在反接制动控制电路模拟接线图（图 10.8）上用导线将元器件连接起来，注意区分常开触点和常闭触点。

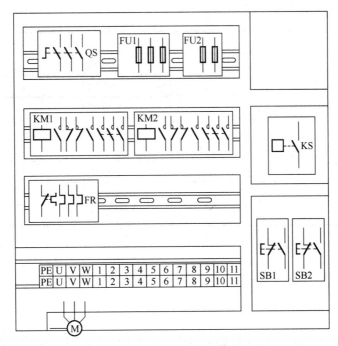

图 10.8 反接制动控制电路模拟接线图

4）根据砂轮机反接制动控制的要求选择需要的元器件，并将正确的元器件名称和符号填入表 10.4 中。

表 10.4 反接制动控制电路元器件表

序号	名称	符号	型号及规格	数量	作用
1					
2					
3					
4					
5					
6					
7					
8					

准备

根据实训内容和要求选择合适的工具。反接制动控制电路工具清单见表 10.5。

表 10.5 反接制动控制电路工具清单

序号	名称		需要（√或×）
1	电工常用基本工具	十字螺丝刀	
2		一字螺丝刀	

续表

序号	名称		需要（√或×）
3	电工常用基本工具	尖嘴钳	
4		斜口钳	
5		剥线钳	
6		压线钳	
7		镊子	
8		验电笔	
9	万用表	数字万用表	
10		指针式万用表	

❖ 操作

在实训台上装接反接制动控制电路，并完成功能检测与调试。

1. 安装

1）按照反接制动控制电路模拟接线图（图 10.8）完成反接制动控制电路实际接线，并将工作步骤、注意事项和工具等内容按照要求填入表 10.6 中。

表 10.6　反接制动控制电路安装工作表

序号	工作步骤	注意事项	工具
1			
2			
3			
4			
5			
6			
7			
8			

2）注意事项。

① 硬线只能用在固定安装的不动部件之间，其余场合应当采用软线。三相电源线分别用黄、绿、红三色来区分，中心线用黑色线，PE 线用黄绿双色线。用不同颜色的导线来区分主电路与控制电路，便于排查故障。

② 接线时，必须先接负载端，后接电源端；先接接地线，后接三相电源相线。

2. 检测

1）观察设备的组成部分。目视检查每个检测点是否存在缺陷，并将检查结果填入表 10.7 中。

表 10.7　反接制动控制电路检测表 1

序号	检测点	符合（√或×）
1	操作设备安装（空间布置合理）	
2	操作设备的标记（完整、可读）	
3	防接触保护（手指接触安全）	
4	电缆接口（绝缘、端子、保护导体）	
5	过电流选择装置（选择、设置）	
6	导线的选择（颜色）	

2）功能检测。根据反接制动控制电路的工作原理，断开 QS，分别按下按钮和接触器，记录万用表的数值，将理论值与测量值进行对比分析，检测反接制动控制电路通断情况。正确记录操作过程，并按照要求填写表 10.8。

表 10.8　反接制动控制电路检测表 2

测量任务	总工序	工序	操作方法	正确阻值	测量结果	符合（√或×）
测量反接制动控制电路	断开 QS，装好 FU2 的熔体，将万用表置于"R×100Ω"挡或"R×1kΩ"挡，进行欧姆调零后，将万用表的两支表笔搭接在 FU2 两端，测量控制电路的阻值	1	未操作任何电器	∞		
		2				
		3				
		4				
		5				
		6				
		7				

3）导线的绝缘测量。用万用表进行各点间电压数值的测量，并将测量结果填入表 10.9 中。

表 10.9　反接制动控制电路检测表 3

序号	测量点 1	测量点 2	测量电压	理论值
1	PE	L1		
2	PE	L2		
3	PE	L3		
4	L1	L2		
5	L1	L3		
6	L2	L3		

3. 调试

在教师的指导下正确填写实践操作过程，依据反接制动控制电路的工作原理和操作过程（表 10.1）完成表 10.10 中元器件动作现象的填写，并在反接制动控制电路通电后认真观察，将观察到的现象记录于表 10.10 中。

表 10.10　反接制动控制电路调试表

序号	操作内容	元器件动作现象	观察到的现象	符合（√或×）
1				
2				
3				
4				
5				
6				
7				
8				

4. 故障分析

针对设置的故障现象，与小组成员分析讨论故障产生的原因，与教师沟通交流表达自己的想法，并将反接制动控制电路故障分析结果填入表 10.11 中。

表 10.11　反接制动控制电路故障分析表

序号	检修步骤	过程记录
1	观察到的故障现象	电动机不能正常启动
	分析故障产生的原因	
	确定故障范围，找到故障点	
2	观察到的故障现象	电动机缺相运行
	分析故障产生的原因	
	确定故障范围，找到故障点	
3	观察到的故障现象	电动机能够正常启动，不能制动
	分析故障产生的原因	
	确定故障范围，找到故障点	

填写维修工作任务验收单（表 10.12）。

表 10.12　维修工作任务验收单

报修部门		报修时间	
设备名称		设备型号/编号	
报修人		联系电话	
质量评价			
验收意见			
验收人		日期	年　月　日
维修人		日期	年　月　日

任务评价

对学生的学习情况进行综合评价。反接制动控制电路评价表见表 10.13。

表 10.13　反接制动控制电路评价表

任务流程	评价标准	配分	任务评价	教师评价
正确绘制电路图，并讲述工作原理	补全电路图，实现所要求的功能；元器件图形和符号标准	10		

任务流程	评价标准	配分	任务评价	教师评价
安装元器件	选择正确的元器件；元器件布局合理；安装正确、牢固	15		
布线	布线横平竖直；导线颜色按照标准选择；接线点无松动、露铜过长、压绝缘层、反圈等现象	25		
熟悉自检方法和要求，用万用表对电路进行检测	正确使用万用表对电源、元器件、导线、电路进行检测	10		
通电试车	在教师的监督下，安全通电试车一次成功	30		
能够对设置的故障进行分析和排除	能够分析故障产生的原因；能够用万用表测定实际故障点；排除故障点	10		
安全文明生产	违反安全文明操作规程（扣分视具体情况而定）			

参 考 文 献

崔金华，2017. 电器及 PLC 控制技术与实训[M]. 2 版. 北京：机械工业出版社.

华满香，刘小春，2012. 电气控制与 PLC 应用[M]. 2 版. 北京：人民邮电出版社.

金凌芳，2013. 电气控制线路安装与维修[M]. 北京：机械工业出版社.

荆建军，2014. 电气控制技术[M]. 北京：人民邮电出版社.

李国瑞，2013. 电气控制技术项目教程[M]. 北京：机械工业出版社.

李胜男，2016. 维修电工项目教程[M]. 北京：机械工业出版社.

孙泰旭，2012. 电工电子技术基础与应用[M]. 北京：机械工业出版社.

孙同波，2014. 电力拖动控制线路安装与检修[M]. 北京：机械工业出版社.

汪华，2009. 维修电工与技能训练（高级）[M]. 北京：人民邮电出版社.

王照清，2004. 维修电工（中级）[M]. 北京：中国劳动社会保障出版社.

王照清，2005. 维修电工（初级）[M]. 北京：中国劳动社会保障出版社.

姚永佳，2014. 电气控制与 PLC[M]. 北京：机械工业出版社.

殷春燕，蒋峰，2016. 维修电工实训教程[M]. 上海：中西书局.

俞艳，2012. 电力拖动[M]. 北京：人民邮电出版社.

张静之，刘建华，2013. 维修电工综合实训教程[M]. 北京：机械工业出版社.